这样做女孩最优秀

李　睿◎编著

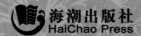
海潮出版社
HaiChao Press

图书在版编目(CIP)数据

这样做女孩最优秀 / 李睿编著.—北京:海潮出版社,2010.7

ISBN 978-7-80213-924-4

Ⅰ.①这… Ⅱ.①李… Ⅲ.①女性–成功心理学–通俗读物 Ⅳ.①B848.4-49

中国版本图书馆 CIP 数据核字(2010)第 135236 号

书　　名:这样做女孩最优秀

作　　者:李　睿
责任编辑:周建平
封面设计:北京上尚装帧设计
责任校对:徐云霞
出版发行:海潮出版社
社　　址:北京市西三环中路 19 号
邮　　编:100841
电　　话:(010)66969738(发行)　66969747(编辑)　66969746(邮购)
经　　销:全国新华书店
印刷装订:北京华戈印务有限公司
开　　本:787mm×1092mm　1/16
印　　张:18.5
字　　数:285 千字
版　　次:2010 年 8 月第 1 版
印　　次:2010 年 8 月第 1 次印刷
ISBN　978-7-80213-924-4
定　　价:29.80 元

(如有印刷、装订错误,请寄本社发行部调换)

前言

　　苏格拉底在风烛残年之际,知道自己时日不多了,就想考验和点化一下他的那位平时看来很不错的助手。他把助手叫到床前说:"我的蜡烛剩不多了,得找另一根蜡烛接着点下去,你明白我的意思吗?"

　　"明白,"那位助手赶忙说,"您的思想光辉是得很好地传承下去……"

　　"可是",苏格拉底接着说,"我需要一位最优秀的传承者,他不但要有相当的智慧,还必须有充分的信心和非凡的勇气……这样的人选直到目前我还没有见到,你帮我选一位好吗?"

　　"好的,好的。"助手说:"我一定竭尽全力地去寻找,不辜负您的栽培和信任。"

　　苏格拉底笑了笑,没再说什么。那位忠诚而勤奋的助手,不辞辛劳地通过各种渠道开始四处寻找了。可他领来一位又一位,总被苏格拉底一一婉言谢绝。有一次,当那位助手再次无功而返地回到苏格拉底病床前时,病入膏肓的苏格拉底硬撑着坐起来,按着那位助手的肩膀说:"真是辛苦你了,不过,你找来的那些人,其实还不如你……"

　　"我一定加倍努力,"助手言辞恳切地说,"找遍城乡各地,找遍五湖四海,我也要把最优秀的人选挖掘出来,举荐给您。"

　　苏格拉底笑笑,不再说话。半年之后,苏格拉底眼看就要告别人世,最优秀的人选还是没有眉目。助手非常惭愧,泪流满面地坐在病床边,语气沉重地说:"我真对不起您,令您失望了!"

　　"失望的是我,对不起的却是你自己,"苏格拉底说到这里,很失望地闭

上眼睛，停顿了许久，才又不无哀怨地说："本来，最优秀的就是你自己，只是你不敢相信自己，才把自己给忽略、耽误、丢失了……其实，每个人都是最优秀的，差别就在于如何认识自己、如何发掘和重用自己……"话没说完，一代哲人就永远离开了他曾经深切关注着的这个世界。

的确，正如苏格拉底所说，人生而平等，资质大致相同。人与人之间只有很小的差异，但是这种很小的差异却造就了巨大的差距。对于大多数女孩子来说，你之所以平庸，是因为你没有让自己变得优秀的想法，是因为你根本不知道怎样做才能更优秀。

然而，每个女孩都希望自己是美丽和精彩的，如果女孩能发掘自己的潜力，学会改变，都会成就优秀的自己。这需要女孩不断努力，努力学习正确地选择自己的人生；学习如何让自己变得坚强和独立；学习让自己拥有公主般的气质；学习拥有乐观的态度，学习利用自己的优势解决问题，学习修炼自己的心灵，学习珍惜朋友间的友谊，学习了解社会……总之，努力学习这些，就能让女孩在改变自己的同时不会盲目。而本书所要做的，就是帮助女孩们将这些所学的内容以最简单和务实的语言呈现出来，让每一个阅读它的女孩都能够借此踏上改变一生的轨道。

目录

第四章　自信乐观会让你更美丽

第五章　口吐莲花才讨人喜欢

第六章　用你的优势解决问题

目
录

第十三章 锻炼自己的理财能力

目录

第一章
学会选择自己的人生

ZHE YANGZUO NVHAI ZUIYOUXIU

十几岁的你仿佛白纸一般，这就意味着你没有任何的历史包袱。你要明白，人生是你自己的，要有长远的目光和目标才能让它更有意义。要努力把握自己的人生方向，但是也别让不切实际的幻想毁了自己的未来。

亲爱的女孩，赶紧去开创属于自己的人生吧，让自己的人生与众不同。

珍惜自己的青春

人生最美好的季节莫过于青春年少。的确,青春是人从幼稚走向成熟的交接点。每个人都拥有青春。但是,如何真正地把握青春并非易事。我们要学会珍惜青春,为青春奋斗。

青春如梦,要想让它成为美梦,我们就必须珍惜青春。要知道,青春短暂,很快就会从你手边流走,而珍惜青春,就意味着充实的人生就在不远的前方等着你。

然而,在现实生活中,并非每一个人都能珍惜青春。当青春到来时,有的人还处在少年时代的无忧无虑之中,没有领悟到青春的价值,结果任青春漂流而去;有的人把大好的时光耗在无意义的享乐上,没有感悟到青春的意义。结果在与青春告别时,事业的仓库是空空如也。

青春是别人无法夺去的内在财富。人生富有,要从青春时期开始积累。没有意识到青春的价值,人生就好像是落了潮的荒滩;没有珍惜过青春年华,人生的火焰就会像黯淡的残烛。如果青春不是在搏击与进取中度过,人生的回忆便是一杯平淡的白水。虽说青春会在时间的洗礼中悄然逝去,但是,青春时期创造的社会价值,却会像阵阵花香一样飘在人生的征途上,让你欢喜、愉悦。

组成青春光环的是每一分钟的耕耘和付出。为了留住青春,就得珍惜生活赐予我们的每一分钟;为了永葆青春,就得开拓进取,不断创新,不断前进。古人说得好:"盛年不重来,一日难再晨,及时当勉励,岁月不待人。"只要我们珍惜青春,理想就一定能闪烁光芒。

时光流逝,不知不觉我们已身处人生中最黄金的年龄。因为这时正是由少年变为青年,由孩子变成大人的临界点,我们有着比孩子们多一点的成熟与思想,又有着比成年人多一点的童稚与调皮,有如此的性格优势,我们难道不该珍惜青春,珍惜这如水的年华吗?

时光流逝,不管我们想什么,做什么,都应该对得起眼前如花似锦的青春,都不该浪费每分每秒不分昼夜哗哗流过的时间。让我们珍惜青春,共同期待明天会更好。

青春是人生的骄傲,梦想是人生的动力。在这黄金般的岁月中,如果青春不燃烧起来,放出光亮,人生中的任何东西都会失去魅力。文学家巴尔扎克曾经说过,"没有理想的青春就像没有太阳的早晨。"没有太阳的早晨,多么冰冷,多么灰暗;没有理想的青春,又是多么空虚,多么无望。若要人的一生过得充实、有意义,我们就应该珍惜青春,追求梦想,让自己的生命绽放出七彩光芒。

青春犹如梦一场,如此短暂。然而,拥有青春,就拥有了一个梦想和奋斗;拥有青春,就拥有了活力与生机;拥有青春,才会拥有完美的人生。对待青春,我们唯有珍惜。

没有青春的人生是不完整的人生。莎士比亚说过:"人的青春是短暂的,但是,如果卑劣地度过这短暂的青春,就显得太多了。"然而,还是有许多人不知青春岁月之短,荒废学业,沉迷于网吧,为追求时尚,穿名牌,买数码,相互攀比,让自己的青春白白虚度。

那么,该如何珍惜青春呢？首先,要制定一个切合实际的目标,让青春在实现自己的目标中闪光。其次,多做点实事,不要让自己总是沉浸在虚拟的电视或网络生活中,要做能不断提高自己技能的当然也是自己感兴趣的事,以期将来能在激烈的竞争中站稳脚步。只有这样,青春才有真正的意义,我们才算珍惜青春。

亲爱的女孩,我们应奋发图强,持之以恒,珍惜自己的青春,把握自己的梦想,创造辉煌的明天。

从唯美的偶像剧中抬起头来思考

近年来,青春偶像剧一片繁荣,各种各样以"偶像剧"标榜的电视剧让人眼花缭乱。每年都会有几部堪称"经典"的偶像剧横行电视、网络等媒体,受到众多青少年的热捧,并由此引发对偶像剧中人物的"偶像崇拜"。

什么是偶像剧呢?维基百科中对偶像剧的定义为"集数不多,一般在30集以内,大量启用面貌俊美的演员、符合社会流行的造型服饰,并以细腻的爱情戏为主,且主要场景为现代的时装电视剧"。据不完全调查,我国多数青少年每天看电视的时间达到3小时以上。据电视收视率调查显示,在晚上黄金时段,4至14岁的孩子在中央电视台1套的平均收视率在2006年为5.5%,也就是说仅这一个频道在这个时段就有约1400万的未成年观众。在节假日,收看电视的青少年还会更多。小学生们每星期的收视时数上升为17.3小时,比2005年全年多花15.6小时,平均一年就得在电视上花费近1000小时的时间,而这其中又有多少时间是在观看偶像剧呢?另外,除了电视上播放的偶像剧集,网络的普及也为风靡的日韩、欧美等国外剧集提供了便利,"在线看偶像剧"也为众多青少年所青睐。

有学者认为,"偶像崇拜"是个体成长当中带有普遍性和必然性的现象,因此要求青少年拒绝偶像剧是不现实的。电视工作者应当做的不是取消偶像剧,而是为青少年提供尽可能优质、高水平的偶像剧。只有将"偶像"塑造好了,才有可能成为人们心目中真正的偶像,产生积极的导向作用。

而且,偶像不要定义在青春泡沫剧上,偶像也不能定在偶像剧的主角上。其实我们周围有很多偶像,只是你没有注意而已。我们应该善于发现自己周围的榜样,而不要沉迷于不现实的偶像剧中。

有人如是说:"预测一个少年的未来,有一个非常简单的方法,就是看他最喜欢的人是谁。"

"学会崇拜,和伟人生活在一起,对于塑造孩子的未来,有着非常积极的意义。"

这些无非说明了榜样对人们的力量,可以说,有了榜样,就有了一种追求,一种动力。它会在你的心中燃起一把火,将要燃烧出你的生命之光,会让你的眼睛看得更远,让你的脚步迈得更加有力。认识了榜样,就有一种无穷的力量在围绕着你,推动着你。

我们从小就有过许多榜样,长辈的童话故事里有着太多太多美好的故事,一颗颗美丽的心灵在我们眼前跳动。老师的课上也不乏英雄人物,他们的故事鼓励着我们走过了成长的岁月。当我们开始独自面对这个社会的时候,多种多样的文化冲击着我们的观念。那么,我们要给自己树立一个什么样的榜样呢?

徐本禹是一个榜样,他把本该读研的时间奉献给了西部的教育事业,用自己的青春书写了一卷美丽的图画。

刘翔是一个榜样,他不断超越,永不言败。他是一面奔跑的旗帜,将崛起的中国形象深深地烙刻在世界的视野。

在字典中,"崇拜"的意思是尊敬、钦佩,偶像则是比喻盲目崇拜的对象,可是,对这两个词,十几岁女孩的理解却和实际有很大的反差。

十几岁的女孩,生活是最富活力的,喜欢时髦,喜欢刺激,喜欢轰轰烈烈,喜欢精力充沛。崇拜的对象大都是明星,在女孩们的心里,偶像明星便是崇拜的对象,你们崇拜他剧中完美的爱情,崇拜他们的漂亮和帅气,崇拜他们的歌曲和影视剧,崇拜他们的言行举止。

但是,随着物质生活变得更加丰富充实,环境的改变以及感情认同的疏离,使得越来越多的你们对于传统榜样的认同越来越淡漠,开始沉迷于舞台上的霓虹闪烁。当然,我们的社会需要多种多样的榜样,多元化的社会价值观念也有助于社会的正常运作,但我们需要的不仅是感官上的刺激,更需要一种能够打动我们的力量,一种植根于人性根底的精神力量,一种可亲、可敬、可信、可学的人生道德楷模,一种抗拒平庸,立志进取的永不过时的力量。

亲爱的女孩,你该选择怎样的偶像,选择谁来做你的榜样呢?要记住,榜样给人力量,而不是表面的东西,榜样的力量是积极的,而不是那些肤浅的追随。亲爱的女孩,要给自己选择一个值得自己学习的榜样,学习他们身上的优点,让自己从榜样中接受鼓舞,汲取营养,让自己走向充实,走向伟大。

做一个有目标的女孩

在撒哈拉沙漠中,有一个小村庄叫比塞尔。它靠在一块不大的绿洲旁,从这儿走出沙漠一般需要三昼夜的时间,可是在英国皇家学院的院士肯·莱文在1926年发现它之前,这儿的人没有一个走出过大沙漠。据说他们不是不愿意离开这个贫瘠的地方,而是尝试过很多次都没有走出来。

肯·莱文用手语同当地人交谈,结果每个人的回答都是一样的:从这儿出发,无论向哪个方向走,最后都还要转回到这个地方来。为了证实这种说法的真伪,莱文做了一次试验,从比塞尔村向北走,结果三天半就走了出来。

比塞尔人为什么走不出去呢?肯·莱文感到非常纳闷,最后他决定雇一个比塞尔人让他带路,看看到底是怎么回事。他们准备了充足的饮水和食物,牵上两匹骆驼,肯·莱文收起指南针等设备,只拿了一根木棍跟在后面。

10天过去了,他们走了大约800英里的路程。第11天的早晨,一块绿洲出现在眼前,他们果然又回到了比塞尔。这一次肯·莱文终于明白了,比塞尔人之所以走不出大沙漠,是因为他们根本就不认识北极星。

在一望无际的沙漠里,一个人如果凭着感觉往前走,他会走出许许多多、大小不一的圆圈,最后的足迹十有八九是一把卷尺的形状。比塞尔村处在浩瀚的沙漠中间,方圆上千公里,没有指南针,想走出沙漠,确实是不可能的。

肯·莱文在离开比塞尔时,告诉一个年轻人说:"只要你白天休息,夜晚朝着北面那颗最亮的星星走,就能走出沙漠。"

年轻人照着去做,3天之后果然来到了大漠的边缘。

从这个故事中我们不难悟出,在生活中,许多人之所以不能成功,缺少的不是能力,而是正确的指导方向。而这指导方向,就是我们常说的目标。如果一个人没有目标,就只能在人生的旅途上徘徊,永远到不了任何地方。所以说,目标很重要。

富兰克林说:"你真的能成为你想象中的那种人。如果你认为自己是什么样的人,你就能成为什么样的人!"人无远虑,必有近忧。英国谚语说:"对一艘盲目航行的船来说,任何方向的风都是逆风。"没有目标,你将没有原则,没有动力,你将陷入各种矛盾冲突中而不能自拔,你将遇到一点小小的挫折就一蹶不振,轻言放弃。

亲爱的女孩要明白,给自己设立目标,可以使我们产生积极性,目标既是我们努力的依据,也是对我们有效的鞭策。目标给了我们一个看得着的射击靶,努力去实现这些目标,你就能产生成就感。明确了自己的航向,我们才能顺水顺风,全速前进,到达理想的彼岸。

有一次,在高尔夫球场,罗曼·皮尔在草地边缘把球打进了杂草区。有一个青年刚好在那里清扫落叶,就和他一块儿找球。当时,那青年很犹豫地说:

"皮尔先生,我想找个时间向你请教。"

"什么时候呢?"皮尔问道。

"哦!什么时候都可以。"他似乎颇为意外。

"像你这样说,你是永远没有机会的。这样吧,30分钟后在第18洞见面谈吧!"皮尔说道。30分钟后,他们在树荫下坐下,皮尔先问他的名字,然后说:"现在告诉我,你有什么事要同我商量?"

"我也说不上来,只是想做一些事情。"

"能够具体地说出你想做什么事吗?"皮尔问。

"我自己也不太清楚。我很想做和现在不同的事,但是不知道做什么才好。"他显得很困惑。

"那么,你准备什么时候实现那个还不能确定的目标呢?"皮尔又问。

青年对这个问题似乎既困惑又激动,他说:"我不知道。我的意思是有一天,有一天想做某件事情。"于是,皮尔又问他喜欢什么事。可是,他想了一会儿,却说想不出有什么特别喜欢的事。

"原来如此,你想做某些事,但不知道做什么好,也不确定要在什么时候去做,更不知道自己最擅长或喜欢的事是什么。"

听皮尔这样说,他有些不情愿地点头说:"我真是个没有用的人。"

"哪里。你只不过是没有把自己的想法加以整理,或缺乏整体的构想而已。你人很聪明,性格又好,又有上进心。有了上进心,才会促使你想做些什

么。我相信你能有所改变。"

皮尔建议他花两星期的时间考虑自己的将来,并明确自己的目标,不妨用最简单的文字将它写下来,然后估计什么时候能顺利实现,得出结论后就写在卡片上,再来找自己。

两个星期以后,那个青年显得有些迫不及待,至少精神上看来像完全变了一个人似的在皮尔面前出现。这次他带来了明确而完整的构想,他已经掌握了自己的目标,那就是要成为他现在工作的高尔夫球场的经理。现任经理五年后退休,所以他把达到目标的日期定在 5 年后。

接下来,他在这五年的时间里的确学会了担任经理必备的学识和领导能力。等经理的职位出现空缺后,没有一个人是他的竞争对手。

又过了几年,他的地位依然十分重要,成了公司不可缺少的人物。现在他过得十分幸福,非常满意自己的生活和工作。

亲爱的女孩,从这个故事中我们可以看出,要掌握自己的人生,先要明确你的目标,找到努力的方向,再立即采取行动,不断努力提高自己的能力,促进自己的成长,就能获得满意的人生。

年轻的我们,由于受到人生阅历和经验所限,对人生往往没有进行深入的思考,你可能没有确立一个明确的目标,让自己朝这个方向努力。但是要明白,一个人不管眼前是什么状况,都要有一个明确的目标去为之努力。如果你的生存环境优越,不要满足于现在的小安乐中;如果你现在的生存环境不是很尽如人意,也不能被眼前的困难所打倒,要从小树立远大的目标。

总之,要确立自己的目标,并为实现目标而付诸努力,这样你才能收获精彩的人生。

丢掉幻想，脚踏实地

活在现实的人往往会去幻想自己的未来，有的人因听信了别人的话而放弃了现在，活在了未来的世界里，最终成了一个没有用的人。有的人会听信一些算命的人，他们会说你将来是一个了不起的人……因为这短短的一句话，使这个人再也无法回头。他认为自己是个很有前途的人，从而放弃了事业和学业……认为自己不用付出就会有所收获，于是整天无所事事，却没有发现自己早就已经是一个没有用的人了。可是，不去努力，只是单纯地幻想未来又有什么用呢？不去努力，哪来的收获啊？

因此，不要有太多的幻想，这只能让你沉溺、堕落，只有踏踏实实地过好每一天，才可以有个完美的人生。所以，聪明的女孩，要学会丢掉不切实际的幻想，踏踏实实地做事。

有几个孩子想当天使，上帝知道后，就给他们一人一个烛台，叫他们保持烛台的洁净。结果几天过去了，上帝都没有来，于是，大多数孩子都不再擦拭那烛台，以为上帝放弃他们了。可是有一天上帝突然造访，看见他们每个人的烛台都蒙上了厚厚的灰尘。只有一个孩子，大家都叫她笨小孩，即使上帝没有来，她也每天都坚持擦拭，结果笨小孩成了天使。

有这样一句话，把简单的事情做好就不简单，把平凡的事情做好就不平凡。不管做什么事情，都要实实在在、脚踏实地。对我们多数人来说，每天的日常工作、生活，做好一天、一周、甚至一个月都不难，难的是做好一年、几年、十几年甚至是几十年。很多取得了杰出成绩的人也都是坚持做好该做的事情，从而最终获得了成功。

刘翔的飞跃，是因为脚踏实地的练习，用辛勤的汗水浇灌了成功的道路。居里夫人两次荣获诺贝尔奖，这个伟大的女子一直在脚踏实地地走着科学的艰险之路。马班邮路上的英雄王顺友，是因为脚踏实地，用 20 年的光阴踏遍了那一条条偏僻的山路。舞台上绚丽多姿的邰丽华，是因为脚踏实地登上舞台，让自己绽放出迷人的光彩。

第一章　学会选择自己的人生

无论多么平凡的小事，只要从头至尾彻底做成功，便是大事。假如你踏踏实实地做好每一件事，那么绝不会空空洞洞地度过一生。我们都是平凡人，只要我们抱着一颗平常心，踏实肯干，有水滴石穿的耐力，我们获得成功的机会，肯定不比那些禀赋优异的人少到哪里去。

美国已逝的总统罗斯福曾说过，成功的平凡人并非天才，他资质平平，但却能把平平的资质发展成为超乎平常的事业。

有一位老教授曾谈起他的经历："在我多年来的教学实践中，发现有许多在校时资质平凡的学生，他们的成绩大多在中等或中等偏下，没有特殊的天分，有的只是安分守己的诚实性格。这些孩子走上社会参加工作，不爱出风头，一直在默默地奉献。他们平凡无奇，毕业离校后，老师和同学都不太记得他们的名字和长相。但在毕业后的几年甚至十几年中，他们却带着卓越的成就回来看老师，而那些原本看来会有美好前程的孩子，却一事无成。"这是怎么回事呢？

其实，成功与在校成绩并没有什么必然的联系，但却与踏实的性格密切相关。

美西战争爆发以后，美国必须立即跟西班牙的反抗军首领加西亚取得联系。加西亚将军掌握着西班牙军队的各种情报，可他却在古巴丛林的山里，没有人知道确切的地点，所以无法联络。然而，美国总统又要尽快地获得他的合作。这时，一个叫做罗文的人被带到了总统的面前，送信的任务交给了这个年轻人。

一路上，罗文在牙买加遭遇过西班牙士兵的拦截，也在粗心大意的西属海军少尉眼皮底下溜过古巴海域，还在圣地亚哥参加了游击战，最后在巴亚莫河畔的瑞奥布伊把信交给了加西亚将军。最终，被奉为英雄。

只要你仔细琢磨，就会发现罗文所做的事情一点也不需要超人的智慧，只是一环扣一环地前进，也就是我们常说的"一步一个脚印"。当然，踏实地做事并不等于原地踏步、停滞不前。它需要的是有韧性而不失目标，时刻在前进，哪怕每一次仅仅延长很短的、不为人所瞩目的距离。

总之，一个人如果有了脚踏实地的习惯，具有不断学习的主动性，那么成功就会变得容易。脚踏实地的人，能够控制自己心中的幻想，避免设定高不可攀、不切实际的目标,也不会凭借侥幸去瞎碰,而是会认认真真地走好每一步,踏踏实实地用好每一分钟,甘于从基础工作做起,在平凡中孕育和成就梦想。要记住,只有埋头苦干的人,才能显示出真正的聪明,才能成就一番事业。

李嘉诚说:"不脚踏实地的人,是一定要当心的。假如一个年轻人不脚踏实地,我们用他就要非常小心。你造一座大厦,如果地基不打好,上面再牢固,也是要倒塌的。"

亲爱的女孩,你要知道,不积跬步,无以至千里,不积小流,无以成江河。要想有所成绩,就需要付出坚强的心力和耐性,你想坐收渔利,那只能是白日做梦。你想凭侥幸靠运气获取丰硕的果实,运气永远也不会光顾你。因此,要想有所作为,就要做老实人,办老实事,这样才能得到别人的信任,才能为自己的发展提供更多的机会。

不要经常转换人生航向

在生活中，获得成功的人是少数，而不成功者可以分为两种，一种是本来就没有志向的人，他们既然都没有了成功的欲望，当然也就无所谓是否成功了；第二种就是见异思迁、理想多多的人，今天想做这个，明天又想做那个，换来换去，结果却一事无成。

十几岁的女孩，正处在人生的十字路口，内心也没有那么坚定的力量，所以很容易受到外界的影响而改变自己的方向，这是错误的。

在茫茫的大草原上，有一位猎人和 3 个儿子。这天，老猎人要带上 3 个儿子去草原上猎野兔。一切准备得当，四个人来到了草原上，这时老猎人向 3 个儿子提出了一个问题："你们看到了什么呢？"

老大回答道："我看到了我们手里的猎枪，草原上奔跑的野兔，还有一望无垠的草原。"

父亲摇摇头说："不对。"

老二的回答是："我看到了爸爸、大哥、弟弟、猎枪、野兔，还有茫茫无垠的草原。"

父亲又摇摇头说："不对。"

而老三的回答只有一句话："我只看到了野兔。"

这时父亲才说："你答对了。"

果然，老三打到的猎物最多。

从这个故事中我们可以发现，目标要专一，不能游移不定。眼中只有猎物的老三能猎到最多的猎物就是最好的例证。但事实表明，大多数的人都有一个共同的弱点，那就是目标游移不定。没有明确的目标，最后只能一事无成。

专注，就是集中精力、全神贯注、专心致志。一个专注的人，往往能够把自己的时间、精力和智慧凝聚到所要做的事情上，从而最大限度地发挥积极性、主动性和创造性，努力实现自己的目标。

有一位孩子，智力有些问题，长到 6 岁了还不会说一句话。他父母只能求助于康复中心,那里的老师也无法管教他,他不停地在课堂上发出尖叫,让其他儿童惊吓不已。他的手不停地玩东西,一刻也不休息,连睡觉的时候也在运动。

老师说这样的孩子没救了,就让他顺其自然吧。有一天,孩子发现地上有一只水笔,就用它在地上画了一道线。然后,他不停地玩着这只水笔,不断在地上画着线条,没人阻止他这么做。

这次,老师也没有像往常一样夺走他手中的东西,而是在地上铺上白纸,让他在纸上画;又给了他不同颜色的水笔,让他尝试着使用。

这个孩子就一直抓着他的水笔,除了睡觉之外的时间都在作画。没有人知道他,他的世界里只有他和水笔。

10年后,他的画被人拿到了拍卖会上,结果竟然卖出了,而且被许多资深的画家看好。

他就这样一举成名。他的名字叫理查·范辅乐,苏格兰人。他的作品在欧洲和北美展出百余次,已卖出上千幅,每幅的售价是2000美元。

亲爱的女孩,也许你在感叹一个傻孩子竟然能成为画家,但你却忽略了这样一个细节:他眼里没有其他的诱惑和干扰,只有他的水笔,即使在吃饭的时候也还握着它。有几个常人能做到这一点呢?如果我们把注意力集中在事情本身,而不是完成一件事需要付出的代价和面对的困难上,那我们是不是会觉得成功没有那么难了呢?

专注,才能坚持。有的人目标很多,理想很多,可是从来不能坚持走一条路,于是到头来还是一事无成。也有的人,在树立了目标之后,总是急于求成,想要一步登天,这样也是不行的。成功是一件辛苦的事,就像酿酒一样,如果你没有足够的耐心,提早打开了坛子,最后得到的只能是一坛味道怪异的醋。只有专注、持久,才能得到理想的结果。

亲爱的女孩要明白,只有专注,才会让你不走岔路,找到了症结的所在,你才能用实际行动改正错误。虽然并不是每一个人都能做到专注,因为这需要智慧与勇气,但十几岁的你,正是有着勇气与智慧的最佳时期,为什么不好好利用呢?找准自己的航向,然后坚持走下去。要记住,只有专注,才能获得成功。

为了实现目标，你该做些什么

　　亲爱的女孩，说到实现目标的方法，在这里与你分享一段小故事，或许在这个阶段，可以很实际地帮助你领悟实现目标的方法。

　　这是一个美国的著名音乐家的故事：1976年的冬天，当时音乐家19岁，在休斯敦太空总署的太空所实验室里工作，同时也在总署旁边的休斯敦大学主修电脑课程。纵然忙于学校、睡眠与工作之间，这几乎占据了他一天24小时的全部时间，但只要有多余的1分钟，他总是会把所有的精力放在他的音乐创作上。

　　他知道写歌词不是他的专长，所以他处处寻找一位善写歌词的搭档，与他一起合作创作。就这样，他认识了一位朋友。

　　一个星期六的周末，朋友热情地邀请音乐家去她家的牧场烤肉。此时，他们两个人坐在德州的乡下，谈论着彼此感兴趣的话题。突然间，她冒出了一句话：

　　你知道你5年后在做什么吗？

　　音乐家愣了一下。朋友转过身来，笑着对他说："嘿！告诉我，你心目中最希望5年后的你在做什么，你那个时候的生活是一个什么样子？"

　　音乐家还来不及回答，朋友又抢着说："别急，你先仔细想想，完全想好，确定后再说出来。"音乐家沉思了几分钟，开始告诉朋友："第一，5年后，我希望能有一张唱片在市场上发行，而且这张唱片很受欢迎，可以得到许多人的肯定。第二，我住在一个有很多很多音乐的地方，能天天与一些世界一流的乐师一起工作。"

　　朋友说："你确定了吗？"音乐家点了点头。朋友接着说："好，既然你确定了，我们就把这个目标倒算回来。如果第五年，你有一张唱片在市场上，那么你的第四年就一定要跟一家唱片公司签上合约，这样的话，你的第三年一定要有一个完整的作品，可以拿给很多的唱片公司听，对不对？那么，你的第二年，一定要有很棒的作品开始录音。而你的第一年，就一定要把你所有要准备录音的作品全部编曲,排练就位准备好。你的第六个月,就是要把那些没有完成的作品修饰好,然后让你自己可以逐一筛选。这样算下来,你的第一个月就是要把目前这几首曲子完工,你的第一个礼拜就是要先列出一个清单,排出哪些曲子需要修改,哪些需要完工。好了,我们现在不就已经知道你下个星期一要做什么了吗?喔,对了。你还说你5年后,要生活在一个音乐氛围浓厚的地方,然后与许多一流的乐师一起忙着工作,对吗?如果你的第五年已经在与这些人一起工作,那么你的第四年照理应该有你自己的一个工作室或录音室。那么你的第三年,可能是先跟这个圈子里的人在一起工作。你的第二年,应该不是住在德州,而是已经住在纽约或是洛杉矶了。"

听了朋友的话,音乐家若有所思,第二年,音乐家辞掉了令许多人羡慕的太空总署的工作,离开了休斯敦,搬到了洛杉矶。在按部就班地为实现理想而打拼后,在第六年,他的唱片开始在亚洲销售,他一天24小时几乎全都忙着与一些顶尖的音乐高手一起工作。每当音乐家在最困惑的时候,他都会静下来问自己:"5年后你最希望看到你自己在做什么?"

亲爱的女孩,不知道你有没有从这个故事里领悟到什么。其实,如何实现一个目标比确定一个目标要重要得多。

古人云:"世上无难事,只怕有心人。"所以,要实现目标的一个要素是坚持。坚持是不顾一切地继续前进的步伐,坚持是在不能完成任务时不给自己找借口。实现目标的道路是坎坷的,上面布满了荆棘,而坚持是扫除这些荆棘的一个重要工具。第二是要有勇气和信心,有勇气面对一切苦难和挫折,在所有的困苦之中相信自己的能力,相信自己不会被打倒,坚信自己一定会达到目的。

亲爱的女孩要明白,要实现目标不是一件容易的事,这需要我们坚持不懈地努力。坚定的信心和意志,超强的自控力和很高的思想觉悟,这些因素有机地要结合成一个整体,缺一不可,只要我们做到了这些,那我们离成功就只差半步之远了。

第一章　学会选择自己的人生

选择好方向，就要懂得放弃

放弃是一个人人需要懂得的人生哲学。我们不能拥有得太多，有时候，明智的做法是懂得放手。当一个行囊如果已经装得太满时，就会很沉。而一个生命背负不了太多的行囊，拖着疲惫的身躯走在人生大道上，我们注定要抛弃很多。果断的放弃是面对人生，面对生活的一种清醒的选择，只有学会放弃那些本该放弃的东西，生命才会轻装上阵，一路高歌。

生活中值得我们追求的东西有很多。如果一味地纠缠在那些毫无意义的事情上，拼命地追求本该放弃的，本该苦苦追求的却毫不足惜地放弃，那么到头来只能是竹篮打水一场空。如果说执著是一种精神，那么放弃则是一种勇气和境界。得不到的或不该得的，就该果断放弃。生命匆匆，人生有限，不允许我们四面出击分散自己的时间和精力，在大好的时光中忙忙碌碌，终无所成。与其执迷不悟地固执，不如正视现实，咬咬牙勇敢地放弃那力不从心却又苦撑硬撑的执著。在清醒地选择之后，一切都会变得单纯而明朗。

张文举，一个大器晚成的书法家，他就是一个懂得放弃的人。张文举是位农民，但他从小的理想是当作家。为此，他一如既往地努力着，十年来坚持每天写作1000字。每写完一篇，他都改了又改，精心地加工润色，然后充满希望地寄往各地的报纸杂志。遗憾的是，尽管他很用功，可他从来没有一篇文章得以发表，甚至连一封退稿信都没有收到过。

29岁那年，他总算收到了一家杂志的来信，却是一封退稿信。那是一位他多年来一直坚持投稿的刊物的编辑寄来的。编辑被他的精神所感动，却又不想让他难堪，便在信里写道："看得出你是一个很努力的青年，但我不得不遗憾地告诉你，你的知识面过于狭窄，生活经历也显得过于苍白，尤其是你的文字功底与我们的要求相去甚远。但我从你多年的来稿中发现，你的钢笔字写得越来越好。"

就是这封退稿信，使他摆脱了困惑。这封信让张文举如醍醐灌顶，将他从死胡同里拉了出来。之后，张文举放弃了文学写作，进而勤练书法，终于取得了不小的成就,现在他已是有名的硬笔书法家了。

在谈成功经验的时候,张文举动情地说,他只是在遇到障碍时让理想转了一个弯,继而迎来了柳暗花明的新天地,直至走向成功。他曾对学生们感叹:一个人要想成功,理想、勇气、毅力固然重要,但更重要的是,人生路上要懂得放弃,只有适合的路子才会走出精彩。

记得有一个学者说过一句话:放弃是智者对生活的明智选择,只有懂得何时放弃的人,才会事事都如鱼得水。人生如演戏,每个人都是自己的导演,只有学会选择和懂得放弃的人才能创作出精彩的作品,拥有海阔天空的人生境界。

当然,选择放弃并不意味着消极地放手,而是需要睿智的思想和博大的胸怀,并且在选择人生的道路上,在争取成功的路上有选择地选择,有技巧地放弃。

可以说,放弃是我们人生里最重要的一课。一个人不可能做到很完美,因为他人的优势未必是你拥有的,假如硬要去竞争的话,结局并不会如人意。我们需要做的是放弃跟对手硬拼,需要的是打造自己的完美优势,又尽量不涉及自己的缺陷。

在亚马孙的丛林里,有一种倒飞的鸟——蜂鸟。它们的个头很小,但家族却很兴旺。然而这个家族在很早时有这样一个规矩,在飞行的过程中,只能前进不能后退。如果胆小的鸟在战斗中想逃跑,则会被它的同类啄死。

在一次森林大火中,其他的动物都逃到了安全地带,可是蜂鸟的头领却带着它的家族向火中冲去。在前进的过程中,有几只蜂鸟退缩了,蜂王便命令几只蜂鸟去啄死那几只退缩的蜂鸟,另外的蜂鸟继续向火中飞去,结果一只只地化为灰烬。但接受命令的蜂鸟们并没有去啄死那些逃跑的蜂鸟,而是和它们一起飞离了那个地方。从那以后,蜂鸟的性情大变,不再像以前那样不知放弃。试想,如果当初没有那些退缩的蜂鸟,它们的家族就不会得到延续。

蜂鸟的个头虽小,但它们懂得"放弃"这两个字对自己的家族命运与生存代表着什么,它们违背了家族的规矩,可是换来的却是使整个家族得以延续下去,得以被人们所熟知,否则,在那场大火中,它们的家族就早已灭亡,

从世界的一个角落里消失了，根本不会有今天的生活。

蜂鸟可以为了生存而不顾家族的规矩，那么我们能否为了生存而放弃那些无谓的欲望呢？如果你能做到，那么你的人生将充满绚烂的色彩，你也将走向理想的巅峰。因为，选择是人生成功路上的一个航行的方向，只有懂得量力而行的人才会懂得选择，才会拥有更加辉煌的人生。

其实，每个人的智能都不会是均衡发展的，人人都有各自的强项和劣势。也许人生中的有些失败并不是因为我们努力得不够，而可能只是因为我们暂时还没有找到最适合自己走的最佳途径。所以，当我们为了理想而努力，却在错综繁杂的人生道路上迷路、碰壁的时候，我们一定要学会放弃和转弯，并随时校正自己的理想，因为有些理想未必就不是歧路，而最适合你发展的路径，或许才是你真正的目标。

冯亦代自幼深受文学熏陶，偏爱诗赋，上学后特别痴迷"雨巷诗人"戴望舒，期待有一天也能达到这个高度。巧的是，一次冯亦代在香港时竟与戴望舒不期而遇。冯亦代拿出自己的习作向戴望舒请教。数日后，戴望舒对冯亦代说："你的稿子我都看过了。你写的诗，大部分是模仿的，没有新意，不是从古典作品里来便是从外国来的，也有从我这里借来的。我说句直率的话，你成不了诗人。不过，你的散文相当不错，译文也可以，你应该把海明威的那篇小说译完。"这话无疑给冯亦代当头泼了一盆凉水。然而，恰恰是一句"你成不了诗人"的忠言，让冯亦代走上了散文与翻译之路，并终成大器。

亲爱的女孩要明白，人生之路充满了变数，所以说，在适当的时候，不要过分执著，要懂得放弃。懂得放弃的人，不会过分计较眼前的得失，他们的心胸宽广，眼光远大，把暂时的放弃当成了更进一步的阶梯，为发展积蓄能量，为成功奠定基础；懂得放弃的人，知道该放弃什么，不该放弃什么，在任何情况下都能坚持自己的信仰，把握人生的方向。

总之，学会放弃，懂得选择是一种大智慧，是你一生中必须学会的大智慧。虽然有时放弃是痛苦的，可你是为了更好的选择而放弃的，这样一想，是不是就释然了呢？

主宰命运,你的人生由你做主

亲爱的女孩,或许你有随波逐流的随性,认为人生有无限的可能,自己并不能主宰。其实,每个人的命运,既不在上天手中,也不在别人手中,都是结结实实地握在自己的手里的。只有能主宰自己的命运,才能成为人生的胜者。

很多人都相信,一个人的一生在呱呱坠地的时候就已经由上天决定好了,所以是"落地喊三声,好歹命生成",跟个人的努力完全无关。因为上天决定了他的命运,就算他不会做事,命运也不会差到哪里去。如果他的命运不好,即使他夜以继日地苦干,也是不会获得什么好处的,因为上天早就决定了他一生艰苦,辛勤做事又有什么用处呢?

那么,一切真的都是命中注定的吗?命运,虚中带实,柔中有刚。它可以左右一个人的一生,而主宰它的确需要一种顽强的决心与持久的意志。挑战命运就如同一场没有硝烟的自我持久战,需要有顽强的决心和持之以恒的毅力做后盾。

在2000多年前,古希腊有位大思想家叫柏拉图,他有一句名言:"命运是人生中的第一学问。"的确,每个人活着都是想力图改变自己的命运,让自己成为命运的主人。因此我们看到了无数试图拯救自己命运的人,他们每天都在展现不同的战斗姿态,同样,也有无数人屈服了命运,成为命运的奴仆。

巴雷尼小时候因病成了残疾,母亲的心就像刀绞一样,但她还是强忍住自己的悲痛。她觉得孩子现在最需要的是鼓励和帮助,而不是妈妈的眼泪。母亲来到巴雷尼的病床前,拉着他的手说:"孩子,妈妈相信你是个有志气的人,希望你能用自己的双腿,在人生的道路上勇敢地走下去!你能够答应妈妈吗?"

母亲的话,像铁锤一样撞击着巴雷尼的心扉,他"哇"的一声,扑到母亲怀里大哭起来。

从那以后,妈妈只要一有空,就给巴雷尼练习走路,做体操,常常累得满

19

头大汗。有一次妈妈得了重感冒,她想,做母亲的不仅要言传,还要身教。所以,尽管发着高烧,她还是下床按计划帮助巴雷尼练习走路。汗水从妈妈脸上淌下来,她用干毛巾擦擦,咬紧牙关,硬是帮巴雷尼完成了当天的锻炼计划。

体育锻炼弥补了由于残疾给巴雷尼带来的不便。母亲的榜样作用,更是深深教育了巴雷尼,使他终于经受住了命运带给他的严酷打击。他刻苦学习,学习成绩一直在班上名列前茅。后来,以优异的成绩考进了维也纳大学医学院。大学毕业后,巴雷尼以全部的精力致力于耳科神经学的研究。最后,终于登上了诺贝尔生理学和医学奖的领奖台。

可以说,人的一生要经历很多的磨炼、坎坷,每个人都有自己的命运,可多数人都是随着命运的安排,像牛一样被命运牵着鼻子走,以至于兀兀穷年,碌碌终生。其实,人生需要奋斗,需要激情,需要不断前进,不向命运低头,决不做命运的奴隶。此时的低微,不是永久的,只要坚强地斗争下去,在不久的将来,就可以收获成功的喜悦。

在《当身体还剩下四分之一时》一书中我们可以看到,主人公段球云7岁时被无情的列车压断了双腿及右手臂,当时医院甚至放弃了对他的抢救,是在其母亲的苦苦哀求下才救了他。只剩下四分之一的身体的他生活完全无法自理,心理上更是无比孤独。因为身体的独特,往往会遭到同龄人的嘲笑与欺负。

也许你会认为这是一种生不如死的生活,这是命运在捉弄人,的确。他也这么想过,但是他从未放弃过对生活的希望。年少时,生活上需要母亲的帮助,但渐渐地,他自己找到了独立生活的方法。没有腿,就用凳子帮助走路;没有右手,就用左手穿衣,切菜,敲键盘。他甚至学会了开摩托车,而且技术相当了得。

那是一种常人无法想象的生活,更需要无比的勇气与毅力。为了不让母亲操心,他学会了写文章,并以此作为自己的经济来源。他的文章,字里行间流露着对生活的无限希望与憧憬,从未有过哀叹与抱怨。在生活上,他更是周围人的开心果。

不向命运低头,这就是他之所以能顽强地活下来,并且能活得很快乐的重要原因。要知道,命运,从来不会因为你的怯懦、自暴自弃或者仇恨而改变对你的态度,因此,在厄运面前,应该像那些坚韧的荆条一样,坦然接受命运的安排,然后将自己生命的根系,深植于岩石的缝隙,让生命的花朵盛开在石头之上,这同样会赢得一个充实的人生。

亲爱的女孩,请相信,握起双手,命运就在自己手里,自己的命运要靠自己来主宰。不要再相信什么是注定的,因为只有你才是自己的主宰者,美好的人生要用自己的双手去创造。

第二章
请让自己独立和坚强

ZHE YANGZUO **NVHAI** ZUIYOUXIU

　　很多人觉得自己是女孩，所以就认为自己有资本可以依赖。其实，这样的想法是错误的、愚蠢的。你应该知道，靠天、靠地不如靠自己。所以，你要学会独立和坚强。在风雨来临的时候能够不惊慌；在害怕孤独的时候，能够挺起胸膛；在没有肩膀可以依靠的时候，能够站得笔直，挺得坚强。

　　亲爱的女孩，相信你会摆脱柔弱，走向坚强和独立。

独立，才能赢得别人尊重

香港巨富李嘉诚，在教育孩子方面很有见地。他非常注意对孩子人格与品性的培养。他的两个儿子在八九岁时，李嘉诚就让他们参加董事会，不仅让孩子们列席旁听，还可让他们插话"参政议政"，主要是学习父亲"不赚钱"、以诚信取胜的学问。后来，两个儿子都以优异的成绩在美国斯坦福大学毕业了，想在父亲的公司里施展宏图，干一番事业，但被李嘉诚果断地拒绝了："我的公司不需要你们，还是你们自己去打江山，让实践证明你们是否合格到我公司来任职。"

李嘉诚的"冷酷无情"，把孩子逼上自立、自强之路，陶冶了他们勇敢坚毅、不屈不挠的人格和品性。在这方面，美国前总统罗斯福也堪称楷模。

罗斯福十分注重培养孩子们的独立人格。他有句名言："在儿子面前，我不是总统，只是父亲。"他反对孩子们依靠父母过寄生生活。他让孩子们凭自己的本事自食其力。

大儿子詹姆斯20岁时去欧洲旅行，临行前买了一匹好马，然后打电话向父亲求援。父亲回电话说："你和你的马游泳回来吧！"无奈，儿子只好卖掉了马，作为路费回家。第二次世界大战打响后，罗斯福的四个儿子都上了前线。父亲病故了，他们还都坚守在自己各自的军舰上，用这种特殊的方式为父亲送行。

日本思想家福泽渝吉说："教育就是授人独立自尊之道，并开拓躬行实践之法。"又如陶行知所说：让孩子出自己的力、流自己的汗、吃自己的饭才是英雄汉。然而，现在很多家长总是心太软，对孩子的一切都大包大揽，进行"一条龙"、"全方位"、"系列化"的服务，饭来张口，衣来伸手，白天接送，晚上陪读，甚至是报考志愿。结果，独生子女很难独立，这种现象着实令人担忧。因此，如何培养孩子的独立人格，应成为家长重要的必修课。

一位商界精英谈起了他在美国的一段经历：为了16岁的女儿能够成才，就狠下心来把她送到一所离家很远却十分有名的学校去念书。那个稚气未脱的小女孩每天都需要转三次公共汽车，换两次地铁，穿越纽约最豪华和最肮脏的两个街区，历时三个多小时。他之所以这样做，一方面是为了让女儿考上世界名校，另一方面也是由于这位成功的家长要培养女儿独立生存的观念和能力。

亲爱的女孩，你要知道，在人生的旅途上，每个人都要经过这一关，都要穿越这样的危险地带，否则就难以在这错综复杂、困难重重的环境中生存下去。人生道路是危险的，因为人生是个单行道，只能走一次路线，而每一步跨出去都是自己不曾熟悉的道路，若一步稍有不慎，你的整个人生都会遇到打击或挫折。在感受了人世间的冷暖之后，你变得孤独、寂寞，总有许许多多不能名状的情绪要发泄。

这时。你应该想一想：这是为什么？其实，你只是在潜意识里认为自己只不过是一个"孩子"。也就是说，你还没有独立，不能独自承担更多的事情。所以你活得不顺心、不积极，没有做好自己该做的事，没有找准自己的位置。我们在社会上生活、成长，面对各种问题，需要克服许多困难。而这一切又只能靠自己，因为自己就是自己的主人。

天助自助者，社会需要坚强自立的人，任何人都不愿意与一个软弱无力，随时会倒在自己身上的人待在一起。只有你能为自己负责了，你才可能更多地得到别人的帮助。

在这个世界上，没有人会陪伴你一生一世，每个人都需要学会独立生活。一个娇生惯养、从来没有出过远门的孩子，要想迅速地成熟起来，最好的方法是让自己远离父母，去过独立的生活。

独立的境界是美妙的，独立的习惯却是需要自己去学习和培养的。一个独立的人，会独立地面对社会、面对自然、面对自己、面对生活。一个独立的人，会坚守信仰、保持自我。只有这样，才能够在人生道路上不迷失方向，才能为人生的画卷涂上一道亮丽的色彩。

可是，现在的女孩子，从小在家里备受呵护。"我不想我不想不想长大，长大后世界就没童话，我不想我不想不想长大，我宁愿永远都笨又傻……"一方面，女孩子在一天天地成长，然而心态就像这首《不想长大》的歌里所描述的那样，拒绝长大。

曾经的童年，曾经的无忧无虑，曾经的美好，是在很多成年人的关爱、呵

护下度过的,一旦长大,都随着成长而消逝,不得不担负起属于自己的那份责任,随之而来的是无尽的工作、无尽的竞争、无尽的压力。是的,女孩是需要依靠的,女孩的依赖性是远远强于男孩的,但是女孩更需要独立。就像长大是一个自然的过程一样,独立也是女孩成长的必由之路。

女孩的独立,表现在方方面面,切不可想当然地以为在家的时候可以依靠父母,长大成家以后就依赖丈夫了。其实不然,不管你有多大,独立都是上上之选。

所以,亲爱的女孩要明白,女孩的独立不仅仅是成长的需要,更是因为只有有了这份独立,这个女孩才有吸引力,才有永远新鲜的魅力。

女孩，自食其力创造美好生活

如今，在年轻人中出现了这样一个群落：他们年轻力壮、不少人还受过高等教育，可尚未就业便开始失业，或者在就业与失业之间不断游走。有的干脆不就业，每天睡到日上三竿。吃完午饭，打开 MSN、QQ 开始上网聊天。聊累了，约三五好友到 KTV 高歌一曲，或到网吧跟游戏做厮杀。

这些人早已长大成人，却赖在家里不想出去工作，心安理得地吃着父母的积蓄。他们认为，在家里吃老人的、用老人的都是应该的，做父母的就应该俯首甘为子女"牛"。

有这样一幅漫画：一位老人，瘦骨嶙峋、步履蹒跚、苦不堪言地背着自己的孩子。孩子身上都是沙袋，大沙袋上分别写着"大学"、"就业"、"买房"、"结婚"以及"育子"的字样，小沙袋更是不计其数。这就是正在流行的一种特殊家庭的真实写照，有人用"啃老"来形容这个群落的状态，并戏谑地称这些人为"啃老族"。

正值青春的年轻人居然甘心做"啃老族"，在父母的庇护下生存，却没有想到，这种状态是否能持续一辈子。其实，靠谁都不如靠自己，只有自己能自食其力，才是最可靠的。

从前，有一个生活十分穷困潦倒的人。他既无一技之长，又没有谋生的手段，上无片瓦，下无立锥之地，每天只靠乞讨度日。因他天天乞讨的就是那么几个村落和那几户人家，所以乞讨的时间长了，便令人生厌。于是，谁也不愿意再给乞丐食物，他只有忍饥挨饿的份了。

就在此时，有个姓王的兽医因家里的活太多，忙不过来，需要找一个帮手。这个乞丐便主动找上门去，请求给王兽医打杂工，以此换取一日三餐。王兽医当即答应了他的请求。这样，他再也不必漂泊流浪，乞讨和露宿街头了。有了安定的生活，他的日子变得充实起来，干活也格外卖力。

可是，有人在一旁耻笑他。这个昔日的乞丐，平静地回答说："依我看，天下最大的耻辱莫过于寄生虫，靠乞讨度日。过去，我为了活命，忍辱负重去乞

第二章 请让自己独立和坚强

讨,如今我能帮王兽医干活,用自己的劳动养活自己,这又怎么能说是耻辱呢?"

乞丐的一席话,让广大村民很是感慨。大家对这个"乞丐"自食其力的行为,开始刮目相看了。

的确,劳动没有高低贵贱之分。在任何情况下,都是自食其力的好。无独有偶,还有这样一个故事:

从前,有一个名叫木沙的青年,远离家乡,四处流浪,但又游手好闲,大事做不成,小事不愿做,每天讨些残汤剩饭糊口度日。

一天,他来到一个院内长满鲜花的人家。还没等他敲门,屋主人刚好走了出来。他来到木沙跟前,打量了他一番,笑着问:"年轻人,你有什么家业吗?"

木沙不好意思地说:"我哪里有什么家业。我只有一条能将就睡觉的毡子,一只用来喝水的碗,一根用来打水的麻绳。"主人笑呵呵地看着他又说:"噢,是这样啊。年轻人,去把你的这三样东西拿来吧。"

没过多久,木沙拿着那三样东西来了。主人和木沙一起到市场上将三样东西卖掉,然后买了一把斧子,一起回到了他家。他让妻子做了饭,叫年轻人吃得饱饱的,又给他包上了一些干粮。然后,在他腰中缠了一条长绳子,把斧子交给他,打发他上山去砍柴,并约定半个月后再来这里见面。

按照主人的指点,木沙到山里砍了许多柴禾,背到集市上去叫卖。每天如此,他不但吃饱了肚子,换了身新衣裳,而且口袋里还有了积蓄。这时他才明白主人的意思。他心里很感激,是主人教会了自己应该怎样过日子。

半个月过去了,木沙如约来到了主人家里。主人十分高兴地接待了他。两人寒暄了一阵,年轻人叙说了自己感激的心情,还说以后再不过游手好闲的日子了。

主人听了,意味深长地说:"与其乞讨度日,不如自食其力。"

年轻人连连点头称是。

亲爱的女孩,从这两个故事里,你应该能体会出:依靠自己的劳动取得的生活才是光荣的,才是值得自己依靠一辈子的。

有一位老师,论述了这样两个学生。他的两位学生,为"自食其力"这句成语具体地进行了全然不同的诠释。

他说,有一次自己到一家顾客盈门的咖啡店用午餐。正在等待的时候,猛一抬头,看到穿梭于顾客之间做服务生的,竟是他去年教过的快班的一个学生。他在校成绩不错,怎么现在竟在这里干活而不升学了?老师觉得很惋惜,想和他谈谈。但是,他总是不走过来,自己招手多次,他却视若无睹。后来,旁边一位不相识的人想喝咖啡,大声喊他,他才无奈地走过来,一张脸窘得通红,低声喊:"老师。"

探问其缘由, 他腼腆地应答:"我想在会考成绩公布以前挣点儿学费继续读书。"

这不是什么坏事。然而,遗憾的是,他对自己的自食其力并不引以为荣。反之,一见到认识的人,便变得像鸵鸟一样,恨不得把整个头埋进沙堆里。

还有一次,自己到杂货店买东西,看见一名少年肩扛一大包马铃薯从店后走了出来。淋漓的汗水浸在那粗壮的胳膊上。

他放下了马铃薯,抹汗,转脸,看到了自己,立刻笑容满面,大声喊道:"老师,你还记得我吗?"

这位老师说,我当然记得。以前在校时,他念普通班,作业不按时交,行为散漫,让自己伤透了脑筋。有一次,还为他在课堂上无礼顶撞而把他赶了出去。

离校后,这名学生音讯杳然。

现在,他站在自己的面前,豪爽开朗,温文有礼。看来,是社会教育了他,生活磨炼了他。

"我在读工艺课程,现在是假期,来这里帮帮忙,赚点儿学费!"

他脸上的表情,骄傲而满足,像一只把成就写在屏上的孔雀。

不同的人对劳动的诠释是不同的,有的人认为劳动是光荣的,有的人认为劳动是可耻的。亲爱的女孩,你应该知道,劳动没有什么可耻。只有通过劳动,你才能创造你想要的东西,才能实现你的人生价值。

亲爱的女孩要明白,自食其力是让人光荣的事情。所以,不要抱怨自己的家境不好,当然,也不要因为家境好就恃宠而骄。要懂得,只有自食其力才是最可靠的。

女孩要自强，因为只有自己才可以是永远依靠的

也许你曾听人说："男孩是太阳，女孩是月亮；男孩是石头，女孩是水。"之所以这样说，是因为月亮本来是没有光芒的，是靠太阳的反射才能在夜晚发出微微的亮光；男孩是坚强的，所以是石头，女孩是柔弱的，要依靠男孩，所以是水。那么，亲爱的女孩，你甘愿是月亮，甘愿是水吗？相信你不会。因为现实生活告诉我们，只有自己才可以永远依靠。

小蜗牛问妈妈：为什么我们从生下来，就要背负这个又硬又重的壳呢？

妈妈：因为我们的身体没有骨骼的支撑，只能爬，可是又爬不快，所以需要这个壳的保护。

小蜗牛：毛虫姐姐没有骨头，也爬不快，为什么她却不用背这个又硬又重的壳呢？

妈妈：因为毛虫姐姐能变成蝴蝶，可以飞上天空。天空会保护她啊。

小蜗牛：可是蚯蚓弟弟也没骨头爬不快，也不会变成蝴蝶，他怎么不背这个又硬又重的壳呢？

妈妈：因为蚯蚓弟弟会钻土，大地会保护他啊。

小蜗牛哭了起来：我们好可怜，天空不保护，大地也不保护。

蜗牛妈妈安慰他：所以我们有壳啊！我们不靠天，也不靠地，我们靠自己。

的确，自己的事情要自己做，凡事都要靠自己。亲爱的女孩，不要认为自己很柔弱，不要把自己交托给他人左右。

要知道，人只要生活在这个世界上，就会遇到各种各样的困难。当这些困难来临的时候，我们是靠别人，还是靠自己呢？听人讲过一个十分钟"租借"的故事，相信这个故事就会告诉你答案。

在一个春寒料峭的夜晚，一位小伙子郁闷地在路边坐着。这是他来到这座城市的第五天。城市的繁华并未给予他淘金的机会，相反，他已经用尽了不多的盘缠。

他蜷缩着身子,抵御着冷风的侵袭。此刻,他知道自己落魄邋遢的形象,一定与街头的乞丐很相似。的确,眼下他饥肠辘辘的处境和乞丐几乎没有什么区别了。

往后该怎么办?回家,意味着未来美好生活之梦的破灭;留下,或许城市的茫茫人海中就多了一个流浪者的身影……一丝悲哀罩上他的心头。

正在茫然时,一张钞票出现在他的眼前——

"你饿吗?"

是一旁擦皮鞋的女孩,把一元钱递了过来:"你去买点吃的吧!"

立时,年轻人的内心涌起了阵阵的波澜。他先是悲哀,觉得自己竟然沦落到被人当做乞丐对待的地步。接着,又产生了一些感激,因为此时,困窘的他实在是需要帮助,哪怕是一元钱……

于是,他伸出了手……

可是,那女孩却又抽回了拿钱的手。

"你真的想要这施舍?"

施舍?年轻人愣住了。他看着女孩,女孩清澈的眸子带着些狡黠的光。

一瞬间,女孩的目光让他突然醒悟:是啊!自己怎么能轻易地接受施舍呢?接受了施舍,可不就真的与乞丐无异了。

他不仅为刚才的一念之差而羞愧。他努力恢复起矜持的神态,对女孩说:"谢谢!我不需要施舍,不要!"

女孩笑了,说:"可是,我看你确实需要帮助。既然你不肯接受施舍,那我就把这擦鞋的摊位借给你 10 分钟。10 分钟,你就可以挣够一顿饭钱了……"

这是一个不错的建议。沉默片刻,年轻人同意了。

果然,年轻人在 10 分钟内挣得了几元钱。

年轻人当时不知,就是这 10 分钟的"租借",改变了他的一生。

后来,年轻人和女孩一起摆摊擦鞋。日子一天天过去,他们结婚成家……

再后来,他们开了一个皮鞋加工店,而且生意兴隆……

最后,他们开了一家皮鞋厂……

现在,当年困顿街头的年轻人,已经是拥有千万资产的企业家了。只是

每当提及当年的创业历史时,他都会说:"感谢我的妻子,是她当年10分钟的'租借',让我保持了尊严,才有了后来的成功。"

女孩用实际行动告诉小伙子,生活是要靠自己的,凡事要自强。只有自强不息,才能获得成功。亲爱的女孩,你是否也该向上面故事中的主人公学习,懂得凡事要靠自身的力量呢?

坚定立场,不做随风倾倒的墙头之草

一大清早,鹤就爬起来,拿起针线要给自己的白裙子上绣一朵花,以显出自己的妩媚动人。刚绣了几针,孔雀就探过来问她:"鹤妹妹,你绣的是什么花呀?"

"我绣的是桃花,这样才能显出我的娇媚。"鹤羞涩地说。

"咳,干吗要绣桃花呢?桃花是易落的花,不吉祥,还是绣朵月月红吧,又大方,又吉利!"

鹤听了孔雀姐姐的话,觉得言之有理,便把绣好的金线拆了,改绣月月红。正绣得入神时,只听锦鸡在耳边说道:"鹤姐姐,月月红的花瓣太少了,显得有些单调,我看还是绣朵大牡丹吧,牡丹是富贵花呀,显得多么雍容华贵。"

鹤觉得锦鸡妹说得对,便又把绣好的月月红拆了,开始绣起牡丹来。

绣了一半,画眉飞过来,在一边惊叫道:"鹤嫂,你爱在水塘里栖歇,应该绣荷花才是,为什么要去绣牡丹呢?这跟你的习性太不协调了,荷花是多么清淡素雅,出污泥而不染,亭亭玉立的,多美呀!"鹤听了,觉得也是这个理儿,便把牡丹拆了改绣荷花……

就这样,每当鹤快绣好一朵花时,总是会有不同的建议出现。于是,她绣了拆,拆了绣,直到现在,白裙子上还是没有绣上任何的花朵。

女孩,想想你的现在或是过去,你有没有过像故事中的鹤那样,不知道该坚持什么,该放弃什么呢?你是否也是一株小小的"墙头草"呢?它深深地扎根在墙头。风吹左,它往左;人说对,它说对;风吹右,它往右;人说错,它说错。它永远都没有自己的坚定立场和主见,永远都不知道自己该做的是什么,该想的是什么,该说的是什么。

索尼亚·斯米茨的故事或许能够告诉我们怎样做才能学会坚定自己的立场。

索尼亚·斯米茨是美国著名的女演员,她童年的时候在加拿大渥太华郊外的一个农场里生活。那时候,她在农场附近的一个小学里读书。有一天她

回家后很委屈地哭了,她父亲问她为什么哭泣,她断断续续地说道:"我们班里一个女生说我长得很丑,还说我跑步的姿势难看。"

父亲听完她的哭诉后,没有安慰她,只是微笑地看着她。忽然父亲说:"我能够得着咱们家的天花板。"

当时,正在哭泣的索尼亚听到父亲的话觉得很惊奇,她不知道父亲想要表达的意思,就反问了一句:"你说什么?"

父亲又重复了一遍:"我能够得着咱们家的天花板。"

索尼亚完全停止了哭泣,她仰着头看了看天花板,那是将近4米高的天花板,父亲能够得着?尽管她当时还小,但她也不相信父亲的话。

父亲看她一脸的不相信,就得意地对她说:"你不信吧?那么你也别相信那个女孩子的话,因为有些人说的并不是事实。"

就这样,索尼亚在很小的时候就明白了,不能太在意别人说什么,凡事要自己拿主意。

在她二十四五岁的时候,她已经是一个颇有名气的年轻演员。一次,她准备去参加一个集会,但她的经纪人告诉她,因为天气不好,可能只有很少的人参加这次集会。经纪人的意思是,索尼亚刚开始出名,应该用更多的时间去参加一些大型的活动以增加自己的名气。

可索尼亚坚持要参加那个集会,因为她在报刊上承诺过要去参加。结果,那次在雨中的集会,因为有了索尼亚的参加而使得广场上的人群拥挤起来。当然她的名气和人气也开始骤升。

我们在这里并不是要你一意孤行,孤芳自赏,而是要相信自己,要对自己的承诺负责,要敢于承认自己的缺点,更要敢于承担面临的挑战。在人生的路上,有很多时候,我们都要靠自己拿主意。

作为一个具有正常思维的人,谁都不会漠视他人对自己的评价,可以说,我们谨言慎行,就是不愿意授人以柄。很多时候,他人的说道,他人的观点,他人的态度都会对自己的心情和行为产生极大的影响。他人的意见往往也是我们自己行为的镜子,我们总是在别人的目光中改变着自己的人生坐标。

要知道,自以为是、刚愎自用是愚蠢,但唯唯诺诺、随波逐流更会被人看成是窝囊。纵观中外历史,大凡成功人士都有一个共同的特点,那就是做人有主见,处事敢决断,无论做什么事,要有自己的立场与决定。一旦决定了的事,就不要因为旁人的否定而轻易作出变化。在处理事件时,要立场坚定,不要犹豫不决,变来变去。

　　女孩,你要忠于你自己,不必老是顾虑别人的想法或总是想要取悦他人。要明白,生命的可贵之处就在于按自己的想法生活,做你自己。为自己的梦想活,为自己的快乐活,不论做任何事,都要顺着你心中所想的去做。做到了独立思考,拥有自己的主见,你将获得真正的快乐。

坚强的女孩，每天都能见到彩虹

相信大家对这样一群女孩子还记忆犹新吧，她们就是 2005 年春节联欢晚会上的"千手观音"。

该舞蹈由 21 位聋哑演员表演，在四位手语老师的指挥下，舞蹈的整齐程度出人意料。整个舞蹈的表演时间为 6 分钟，可以说是秒秒都精彩，让人不忍放过任何一个镜头。尽管她们无法"听"到音乐，只能靠舞台角落里的手语老师通过手语把音乐节奏传递给她们，但这些曾经在雅典残奥会闭幕式上感动世界的舞者，却让除夕夜里守岁的人们明白了什么叫"震撼"。

这些舞蹈演员的世界是无声的，但她们在进行每一场表演的时候，带给我们的都是一个积极向上的感觉。她们没有因为自己有缺陷而放弃自己，放弃梦想。相反，她们做得更努力、更认真。她们用实际行动向我们证明，她们是可以做到的，而且会比我们做得更好。

有人说，"上帝为我们关上一扇门，必定会在另一个地方为我们打开一扇窗"。没错，挫折与压力的确会让人苦恼不堪、悲观失望，但痛苦、失落正如欢乐、希望一样，也是人生交响曲中不可或缺的乐章。因为，有痛苦才会有欢乐，有失望才会有希望，有挫折才会有坦途。有痛苦有烦恼并不可怕，就怕沉迷在痛苦里不能自拔，看不见生活中的阳光。

"人有悲欢离合，月有阴晴圆缺"。人生旅途中不时飘过的阴云就好比自然界里的雨雪风霜，需要我们以自然、豁达的心态坦然面对。懂得带着一颗感恩的心，珍惜生命，珍惜身边的人和事，珍惜自己所拥有的，就会发现，我们其实很幸福。

陆游说，山重水复疑无路，柳暗花明又一村。很多时候，我们也可能会遭遇"山重水复疑无路"的绝境，这时候，悲观的人便会自怨自艾，不采取任何行动，反而蜷在绝境中等待失败的判决，而乐观的人即使到了无路可走的绝境，也依然不会被打倒，他们有信心在这一团迷雾中找到人生的"又一村"。

世间的事大多如此，许多身处黑暗的人，磕磕绊绊，最终走向了成功，而一些身在顺境中的人，却往往被眼前的光明迷住了前进的方向。

都说不经一番风雨，怎能见彩虹，没有人能够随随便便成功。亲爱的女孩，你始终要相信，风雨过后是彩虹，彩虹下是任你驰骋的一马平川，只有穿越风雨，阳光才会灿烂；只有穿越风雨，人生才会圆满；只有穿越苦难，生命才能到达幸福与成功的彼岸，这应是我们心中永远的信仰。

亲爱的女孩，十几岁的你往往还没有经历过人生的挫折，以为生活中真的存在一帆风顺、万事如意。其实不然，疼痛往往是青春的第一步，没有疼痛，便没有成长。风雨过后，总会见到彩虹。

古希腊著名演说家德摩斯梯尼，原先患有口吃病，幼年结巴，语音微弱，演说时常被人喝倒彩，但他始终对自己信心百倍。为了克服疾病，每天清晨他口含小石子，呼喊练习，终于成为口若悬河、辩驳纵横的演说家。

美国著名的海伦·凯勒，幼年因病造成又聋又瞎，但她自信自强，14岁攻克多种外语，通晓德、法、古罗马、希腊文学，20岁考入著名的哈佛大学。

德国著名天文学家开普勒，4岁时出天花，留下一脸麻子的后遗症，而后又患猩红热，高烧使眼睛受到损害，成了高度近视。他终身受着疾病的折磨，但他从未失去自信，而是在贫病交加中始终斗志昂扬。建立了行星运动三定律，为牛顿发现万有引力打下了基础。

塔哈·候赛因，埃及作家，文学评论家，3岁时就双目失明，但他顽强自信，留学法国，成为埃及历史上第一位博士，被誉为"阿拉伯文学支柱"。

其实，在生活中，每个人都遭遇过逆境，当遇到病痛、困难以及不公平的待遇时，往往会选择逃避，感叹命运的多舛和不公，而这样是无济于事的。无论面对怎样的灾难，我们都要坚信这样一点：一处荒原，只要我们开拓下去，就会孕育出崛起；一捧泥土，只要我们肯耕耘，就会孕育出收获；一缕细流，只要我们肯去积累，就会孕育出深邃。只有做到坚强，我们才能在雨后看到彩虹的灿烂和美丽。

深山里有两块石头，第一块石头对第二块石头说："去经一经路途的艰险坎坷和世事的磕磕碰碰吧，能够搏一搏，也不枉来此世一遭。"

"不，何苦呢，"第二块石头嗤之以鼻，"那路途的艰险磨难会让我粉身碎骨的！"

于是，第一块石头随山溪滚涌而下，历尽了风雨和大自然的磨难，它依然义无反顾，执著地在自己认定的路途上奔波。第二块石头带着讥讽，在高山上享受着安逸和幸福，享受着周围花草簇拥的畅意抒怀。

许多年以后，饱经风霜、历尽沧桑和千锤百炼的第一块石头和它的家族已经成了世间的珍品、石艺的奇葩，被千万人赞美称颂，享尽了人间的富贵荣华。第二块石头知道后，有些后悔当初，现在它想去投入到世间风尘的洗礼中，然后得到像第一块石头拥有的那种成功和高贵，可是一想到要经历那么多的坎坷和磨难，甚至会疮痍满目、伤痕累累，还有粉身碎骨的危险，便又退缩了。

一天，人们为了更好地珍存那石艺的奇葩，准备为它修建一座精美别致、气势雄伟的博物馆，建造材料全部用石头。于是，他们来到高山上，把第二块石头粉身碎骨，给第一块石头盖起了房子。

困难和挫折可以磨炼人的意志，当生活需要我们承受痛苦的时候，除了坚强，我们毫无选择。

一位住在山区的朋友曾给自己的孩子讲述了一段他亲身经历的故事：那天，他拖着沉甸甸的板车疲惫地来到了山脚下。望着前面那一段长长的上坡路，他不禁有些犹豫。他想，今天靠自己一个人是绝对拉不上去了，肯定得有人帮一把才行。正在为难之际，正巧过来了一个热心的路人。他看出了自己的窘境，说："没关系，我来帮你。"说着，便利落地卷起袖子，拉开一副推车的架势。于是，拉车的朋友就咬紧牙使劲地拉车。

在热心人"加油、加油"的鼓劲声中，他们终于将车拉到了坡顶。当这位山区朋友感谢热心人的鼎力相助时，没想到他却说："你用不着感谢我。这两天我的腰扭伤了，根本就不能用劲。我只是喊喊'加油'而已。能将这趟车拉上去，靠的是你自己。"

这个朋友的故事让我们想到，人生之路不也是同样如此，正如一位名人所说："容易走的都是下坡路。"人生之路并非一马平川，并非无须费劲就能轻松前行。许多时候，正是由于我们放弃了努力，便白白地错失了成功的良机。结果便是半途而废，无功而返。

亲爱的女孩要记住，不要被困难吓倒，不要被疼痛击败，只要怀着一颗敢于唱响自己的心，去努力奋斗，那生命的下一站就会有奇迹发生。相信，风雨过后就会看到彩虹。

第三章
请像公主般精致优雅

ZHE YANGZUO NVHAI ZUIYOUXIU

优雅即优美、雅致、高雅。优雅的女孩自然应该是举止优美，行为高雅，仪态万方的。这样的女孩拥有一种独特的美，它是一种被赋予了思想的内涵美。

优雅是一种内在的气质，是由内而外散发的一种知性的美，它来自于后天的学习和积累。优雅，源于丰厚的学识、深刻的思想，而不是矫揉造作，不是金钱、时装的堆积。

十几岁的女孩，你也要修炼自己做一个如公主般优雅的女孩。

为他人着想，不做自私的女孩

一个美国士兵打完仗回到国内，在旧金山旅馆里，他的心情总是平静不下来，晚上怎么也睡不着。于是，他给家里打了一个电话："爸爸，妈妈，我要回家了，但我要你们帮个忙，我要带一位朋友一起回家。"

"当然可以了！"父母回答道。

"但是有件事情一定要告诉你们，我的朋友在那可恶的战争中踩响了一个地雷，少了一条腿和一只手，成了残疾人，我希望他能和我们住在一起。"

"孩子，我们帮他另找一个地方住下，好吗？"

"不，他只能和我们住在一起。"

"孩子，你不知道，这样的话，他会给我们造成多大的拖累。你自己回家吧，相信他会有活路的……"

话还没说完，儿子就挂断了电话。父母在家等了很多天，也没见儿子回来。一个星期后，他们接到警局打来的电话，告诉他们，他们的儿子已经跳楼自杀了。悲痛万分的父母来到旧金山，在停尸房里，他们认出自己的儿子，然而他们却惊呆了，原来，他们的儿子正是电话里所说的那位朋友——少了一条腿和一只手。

因为自私，青年的父母失去了他们唯一的儿子。然而，在现实生活中，因为自私，我们失去的也许不只是亲人，还会失去朋友，失去信任，失去阳光与微笑。

自私的人很可怕，为了自己，不惜牺牲他人。自私的人做任何事情都看不到别人，只能看到自己。自私的人做事只为自己，从不为他人着想。

在一档电视综艺节目中，主持人向嘉宾提问："电梯里常会有一面大镜子，这镜子是干什么用的呢？"

那些嘉宾纷纷回答：

"用来检查一下自己的仪表。"

"用来扩大视觉空间,增加透气感。"

"用来看看后面有没有跟进来不怀好意的人。"

在一再启发而仍不能得出正确答案时,主持人终于说出了其中的道理:"残疾人摇着轮椅进来时,不必费神转身,就可以从镜子里看见楼层的显示灯。"

嘉宾们都显得有些尴尬,其中一位抱怨说:"我们怎么能想到这一点呢?"

在日常生活中,当我们面对某一问题时,如果仅仅是从自己的利益得失出发去考虑,而置别人于不顾,往往就会失之偏颇,甚至伤害他人。而凡事设身处地,换一个角度为他人着想,原本疑惑不解的问题也好,困难重重的问题也罢,都可能会变得豁然开朗、迎刃而解了。

一位父亲让儿子递给他一支笔,儿子随手递过去,笔头的方向冲着父亲。父亲就对儿子说:"递一样东西给人家,要想着人家接到了手方便不方便。你把笔头递过去,人家还要把它倒转过来。要是没有笔帽,还要弄人家一手墨水。刀剪一类的物品更是这样,决不可以拿刀口刀尖对着人家。"

学会为他人着想,也就是为自己着想。如果能做到这一点,那对我们自己、对他人都是有益处的。

一位出租车司机载一位陌生的客人到了目的地,结果客人摸遍口袋也找不出20元的车费。因为办事匆忙,客人忘了带钱包了。听罢解释,司机边说"没关系,下次有机会再给吧",边拿出30元的公司员工乘车券递给客人,并告诉他,你办完事,可用该乘车券搭乘本公司的出租车返回。客人问:"我到这里只需20元,你为什么给我30元乘车券?"司机说:"我看你公务繁忙,行色匆匆,可能还要去另外的地方。多给一些,让你预备着会方便些。"乘客谢过司机后,要了司机的联系方式走了。过了两天,该乘客说,他是某银行的行长,问出租车司机愿不愿意到他们银行去工作。司机很诧异地询问原因,行长说:"你开车载客,没有拿到钱,还处处为乘客着想,而且考虑周到,连我回程可能需要绕道你都想到了。你这种为顾客着想,热情帮助顾客解决困难的作风正是我们银行职员所需要的。所以,我真诚地邀请你加盟。"

为他人着想，是一种胸怀，一种博爱，一种境界。对于我们来说，不仅要学会学习，更要学会做人，学会关心别人，学会与人合作，学会奉献社会。

亲爱的女孩，我们不妨对自己平常的所作所为作一些反思，上学迟到，有没有想过会影响同学的上课和教师的教学；课间大声喧哗，是否考虑到影响了他人的休息和学习；乱丢垃圾，心里有没有感到增加了他人的劳动量和影响环境；在排队中加塞，是否考虑过别人的感受；当他人遇到困难的时候，你没有伸出援助之手，事后会有愧疚感吗？许多事情，我们都可以通过换位思考，寻找到为他人着想的理由。

亲爱的女孩，你应该积极行动起来，学会尊重，学会关心，学会为他人着想，并且从中体验快乐，这样，你的精神就会得到升华。

女孩，你要冷静处事

所谓冷静，指的是一个人在特定的场合下内心所持的一种沉稳状态。通常情况下，人在突然受到某种刺激时，情绪会发生急剧的变化：或焦急、或忧郁、或兴奋、或冲动……这些情绪能不能被控制，取决于人的心理素质。心理素质好的人，能够控制它，使其向更好的方向发展，表现在行为上就是临阵不乱，遇事冷静、沉稳，能够做到三思而后行。

19世纪中叶，美国实业家菲尔德率领他的船员和工程师们，用海底电缆把"欧美两个大陆联结起来"。菲尔德因此被誉为"两个世界的统一者"，一举而成为美国最光荣、最受尊敬的英雄。但因技术故障，刚接通的电缆传送信号中断。顷刻之间，人们的赞辞颂语变成了愤怒的波涛，纷纷指责菲尔德是"骗子"。面对如此悬殊的宠辱逆差，菲尔德泰然自若，一如既往地坚持自己的事业。经过6年的努力，海底电缆最终成功地架起了欧美大陆之间的信息之桥。

可以说，宠辱不惊是一门生活艺术，更是一种处世智慧。人生在世，有褒有贬，有毁有誉，有荣有辱，这是人生的寻常际遇。宠也自然，辱也自在，只要一往无前，自然会否极泰来。

一位有着27年飞行经验的美国老驾驶员，曾经在一次采访中介绍过一段他飞行史中最不平常的经历。

在第二次世界大战时，他是F6型飞机的飞行员。一天，他接到战斗命令，从航空母舰上起飞后，来到东京湾。他按要求把飞机升到了距离海面300英尺的高度做俯冲轰炸。300英尺在今天可能不算什么，但在当时，这是个很高的高度。正当他以极快的速度下降并开始做水平飞行的时候，他的飞机的左翼突然被击中，整架飞机翻了过来。

人在飞行中，是很容易失去平衡感的。飞机中弹后，他需要马上判断他的位置，以便决定他应该向上还是向下操纵他的飞机。在飞机中弹的最初一瞬，在那生死攸关的关键时刻，他什么也没有做，没有去碰驾驶舱里的任何

第三章　请像公主般精致优雅

控制开关,他只是强迫自己冷静思考,绝不能激动。

终于,他发现蓝色的海面在他的头顶上,他知道了自己的确切位置,知道自己的飞机是翻转的。这时,他迅速推动操纵杆,把他的位置调整过来。试想,在那一瞬间里,如果他冲动地依靠他的本能,一定会把大海当做蓝天,一头撞进海里葬身鱼腹的。

这位老飞行员在回忆过后,语重心长地对记者感慨道:"是我的冷静挽救了我的生命。"

我们认为,凡是成功的人,定有遇事不慌、沉着冷静的特点,也只有这样,他们才能正确地判断局势并随机应变,从而取得成功。冷静的心态往往体现了一个人的修养。一般来说,人们只要不是处在激怒或疯狂的状态下,都能够保持自制并作出正确的决定。健康稳定的情绪,不仅可以给我们平时的生活带来幸福和畅快,而且能在大难临头的时候,帮助一个人逢凶化吉,转危为安。

冷静是做人的一种智慧,在平时的生活当中,有许多矛盾不是仅凭鲁莽的行动就能够解决的,而是需要在冷静思考后因势利导,才能将其化解掉,它启迪人们要学会用脑子。用脑子的过程,就是冷静的过程,就是产生智慧、办法、对策的过程。一个头脑容易发热、发胀,甚至炮仗性子一点火就着的人,通常是谈不上有多少智慧的,当然也不会把矛盾解决得很好。搞不好到最后还会被别人利用或者火上浇油,做出对自身不利的事情来。

冷静还是一种修养。冷静是源于内心的,有的人冷静不下来,不论是出于心胸狭窄还是骄横自傲等多个方面的原因,说到底还是由于自身修养不够。修养好的人,就能自觉地克己和律己。受挫折时,不至于唉声叹气;获得奖赏时,不至于忘乎所以;有钱有势时,不至于趾高气扬;待人处世时,不至于浮躁轻狂。

冷静也是自身力量的一种表现。俗话说,有理不在声高。冷静并非是软弱,也不是故作姿态,不是胆小鬼,而是审时度势,不轻佻,不张狂。常见有人一语不和,便面红耳赤,吼叫如雷。这种人貌似强大,其实头脑简单,底气不足,是不堪一击的。即便是自己手上有百分之百的真理,也会因不冷静而使天平滑向对方的一边。

很多人有急躁的毛病,但这是可以改变的。冷静的心态要靠平时日积月累地苦修,不冷静的毛病也要靠平时一点一滴地克服。生活中应该注意加强学习,重视自己在道德方面的修养,时刻用"冷静"来约束自己。

亲爱的女孩,我们在现实生活中免不了要遭到不幸和烦恼的突然袭击,有的人面临突变而方寸大乱,急躁而不知所措,从此浑浑噩噩;而有的人面对从天而降的灾难,泰然处之,总能使平静和开朗永驻心中。为什么受到同样的心理刺激,不同的人会产生如此大的反差呢?原因就在于能否学会冷静应变。

亲爱的女孩,请你学会冷静吧,它会使你更聪明,更有修养,更有品位,更有气量。

女孩，收起你的坏脾气

人的脾气有好有坏。脾气好的人无论到哪里，都会受到欢迎，每个人都会喜欢同他合作、共事；脾气不好的人，则常常给自己和别人带来苦恼，使别人觉得难以与之相处。不少年轻人脾气急躁，遇事容易冲动，特别是对一些不顺心或自己看不惯的事，常常容易生气或怄气，有时还同人家争吵，说出一些使人难堪的话，影响了彼此的和睦与融洽。

有一个坏脾气的孩子，一天到晚在家里发脾气，摔摔打打，特别任性。有一天，爸爸就把孩子拉到了他家后院的篱笆旁边，说："孩子，你以后每发一次脾气，就往篱笆上钉一颗钉子。过一段时间，你看看你发了多少脾气，好不好？"这孩子想，那怕什么？我就看看吧。后来，他每嚷嚷一通，就自己往篱笆上敲一颗钉子，一天下来，自己一看，哎呀，一堆钉子！他自己也觉得有点不好意思。

爸爸说："你看，你要克制了吧？你要能做到一整天不发一次脾气，那你就可以把原来敲上的钉子拔下来一根。"这个孩子一想，发一次脾气就钉一根钉子，一天不发脾气才能拔一根，多难啊！可是，为了让钉子减少，他也只能不断地克制自己。

一开始，男孩儿觉得真难啊，但是等到他把篱笆上所有的钉子都拔光的时候，他忽然发觉自己已经学会了克制。他非常欣喜地找到爸爸说："爸爸快去看看，篱笆上的钉子都拔光了，我现在不发脾气了。"

爸爸跟孩子来到了篱笆旁边，意味深长地说："孩子你看，篱笆上的钉子都已经拔光了，但是那些洞永远留在了这里。其实，你每向你的亲人朋友发一次脾气，就是往他们的心上打了一个洞。钉子拔了，你可以道歉，但是那个洞永远不能消除啊。"

所以说，我们在做一件事情之前，要想一想后果，就像钉子敲下去，哪怕以后再拔掉，那个洞也不会复原了。我们做事，要先往远处想想，谨慎再谨慎，以求避免给他人造成伤害，减少自己日后的悔恨。

可以毫不夸张地说，乱发脾气，是现在独生子女中比较常见的现象之一。从心理学的角度来看，乱发脾气是儿童意志薄弱，缺乏自控能力的表现。其主要特征是，想要什么就得给什么，想干什么就干什么，不达目的，决不罢休，让父母无计可施。

亲爱的女孩，你是不是也存在上述特征呢？当自己的要求不被满足时，就跟家长大呼小叫；当遇到什么烦心事时，就无缘无故跟家长发脾气。除了跟家人发脾气外，你还愿意跟同学发脾气，以至于你没有要好的朋友。

要知道，也许爱发脾气不完全是你的错，也许是因为父母对你百依百顺而导致你爱发脾气。这很容易理解。疼爱自己的孩子，是家长的本能。现在的家庭中通常只有一个孩子，爷爷奶奶、外公外婆、爸爸妈妈整天围着你转，他们对你关爱有加，并且不管你提出什么要求，他们都从不拒绝。他们认为只有这么一个孩子，决不能让你受委屈。

但是，亲爱的女孩，你要明白，不管是什么原因，谁对谁错，你都不能随随便便就发脾气，就像上面所说的小孩子一样。你每发一次脾气，都会对身边的人造成一次伤害。我们身边的人都是我们至亲的人，我们为什么要伤害他们呢？所以，当火爆脾气上来的时候，你要学会控制。

要想控制自己的坏脾气，最重要的是要很好地认识坏脾气的危害。我们在社会生活中，总要同其他人进行接触和交往，希望得到他人的好感、赞赏、合作，否则，就会感到孤独、寂寞。而人的行为是受意识调节和控制的，认识了坏脾气的危害，便可从内心产生改掉坏脾气的要求。

亲爱的女孩，当你在动怒时，最好让理智先行一步，你可以自我暗示，口中默念："别生气，这不值得发火"、"发火是愚蠢的，解决不了任何问题。"也可以在即将发火的一刻给自己下命令：不要发火！坚持一分钟！一分钟坚持住了，好样的，再坚持三分钟！我开始能控制自己了，不妨再坚持一分钟。这样坚持下去，渐渐地你就能用理智战胜情感。

另外，亲爱的女孩，上述方法只是从表面上交给你控制情绪的方法。只有心中经常想到别人，尊重别人的利益和需要，才会从根本上控制自己的坏脾气，才会对别人友好、亲切。只有时刻把集体的利益放在第一位，才不至于意气用事，固执己见，才能遇事平心静气，三思而行。最后，对改掉坏脾气要

有决心和毅力,不能今天想起来了,就谨慎一点,过了两天又依然故我。要相信,只要有决心和毅力,坏脾气是一定会改掉的。

可以说,任性、爱发脾气是一种不正常的心理状态的反映,是一种不健康的性格特征。爱发脾气的女孩子不会受人欢迎,所以,亲爱的女孩,当你想要发火,想要大喊大叫的时候,请尽量控制自己的坏脾气。

爱读书的女孩最有涵养

有人说，书籍是人生旅途的良师益友，是人生长河的航标灯塔，是成人成才的坚强基石，是救人济世的神丹妙方。因此，"书香校园"、"书香门第"、"书香人生"的字眼不时闪烁在各种信息中。

可以说，书籍是伴随人健康成长的最佳营养品，读书可以滋养人的一生。

书籍是人们最好的老师。莎士比亚曾说，书籍是全世界的营养品。生活里没有书籍，就好像没有阳光；智慧里没有书籍，就好像鸟儿没有翅膀。

哈利·杜鲁门是美国历史上著名的总统。他没有读过大学，曾经营农场，后来经营一间布店，经历过多次失败。当他最终担任政府职务时，已年过五旬。但他有一个好习惯，就是不断地阅读。多年的阅读，使杜鲁门的知识非常渊博。他一卷一卷地读了《大不列颠百科全书》以及所有查理斯·狄更斯和维克多·雨果的小说。此外，他还读过威廉·莎士比亚的所有戏剧和十四行诗等。

杜鲁门的广泛阅读和由此得到的丰富知识，使他能带领美国顺利地度过第二次世界大战的结束时期，并使这个国家很快地进入战后繁荣。他懂得读书是成为一流领导人的基础。不仅如此，读书还使他在面对各种有争议的、棘手的问题时，能迅速作出正确的决定。他的信条是："不是所有的读书人都是一名领袖，然而每一位领袖必须是读书人。"杜鲁门的魄力是读书的习惯所给予的。读书让他的性格上有了魄力，让他的判断上有了精明，让他的行为上有了果断。

读书可以给人一种涵养，但这种涵养不常被我们发现，而是在某些时刻才会显现。以色列有句老话："人不能只靠面包活着。"那么还靠什么呢？答案是书籍。以色列人爱读书，在他们看来，文学、诗歌、音乐、艺术对人类就如同水和粮食一样重要，读书是他们生活中不可或缺的一部分。如今以色列平均每人每年要买10到15本书，而实际的阅读量却大大超过这个数字。他们为教育孩子读书，常在旁边放一罐蜂蜜，每读一句话，就让孩子舔一口蜜，意思是让他们明白读书是一件甜美和快乐的事情。就这样，当读书成为一种浪

第三章 请像公主般精致优雅

漫的生活方式时,人们还怎么可能不去读书呢?

每一个成功者都是有着良好阅读习惯的人。

奥斯勒是加拿大著名的医师、医学教育家,因为成功地研究了血小板等医学问题而名扬四海。由于他对事业的热爱和兼任多种社会工作,因而除了睡觉、吃饭外,他的日程表里排满了工作内容,甚至连读书的时间都没有。为了挤时间,他规定自己必须在睡觉前抽出15分钟来阅读喜欢的书。因此,无论忙碌到多晚才进卧室,他也一定要读15分钟的书才能入睡。

许多年以后,奥斯勒对睡前15分钟的效果进行过计算。就一般的阅读速度而言,一分钟可以读300个字,15分钟便能读4500个字,一星期可以读3.15万字左右,一个月读完12.6万字没有问题。那么,一年下来就可以阅读20本书,而奥斯勒自己坚持睡前读书15分钟达半个多世纪,共读了8000多万字,近千本书。

我们知道,习惯都是日积月累形成的,读书的习惯也是如此。那么,该怎样养成读书的习惯呢? 有两靠,一靠决心;二靠相信鲁迅先生的一句话——时间就像海绵里的水,只要挤就总会有。

美国前任总统克林顿说:在19世纪获得一小块土地,就是起家的本钱。而在21世纪,人们最希望得到的赠品不再是土地,而是联邦政府的奖学金。因为他们知道,掌握知识就是掌握了一把开启未来大门的钥匙。

亲爱的女孩要记住,要想让自己更有涵养,就要养成爱读书的习惯。读书除了让你获得知识,更重要的是会培养一种气质——书卷气。

有人说,"书卷气"就是"韵在笔处,文质相生,乱而有致,狂而无野"。其实,站在现实的角度来看,"书卷气"意味着一种脱俗的风致,一种高雅的品位。书卷气,并非刻意而为,而是内在的充实、自然,并形之于外。"书卷气"就是当代文明人的内在气息,是文明人精神的绝好呈现,是文明人审美情调的折射。

书卷气来自书卷,来自读书和自我修养。实际上,书卷气主要是一个人蕴涵的文学修养。一个人文学修养的深浅,往往决定着其人生价值和生命追求的高下。

人生有书相伴是幸福的,幸福的生活是和谐的,和谐的人生是美满的。亲爱的女孩,让书籍做你一生的好伴侣吧。

用才艺让自己变得更有气质

有人说,气质是一个简单而又奇妙的斯芬克斯之谜。气质来源于内心,是美丽的关键所在,甚至毫不夸张地说,女孩子征服一切的魅力在于气质。我们经常会看到一些脸蛋并非完美无缺的女孩子,却显得非常高贵,这就是气质的魅力。

气质不仅受先天生理素质的影响,也受后天种种因素的影响。也就是说,人的素质,不是不可以改变的。其中,才艺培养就是提高女孩气质的一个重要手段。

不可否认,有才艺的女孩子是美丽的,是吸引人的,她们总给人一种神秘感。在未见其人,仅只看到她们的才艺时,也往往引得不少男人的倾倒和爱慕了。这样的女子,在世人的眼中,必定是墨云秀发、气质非凡、落落大方。这样的女子,身上一定散发着无限的魅力,心中定有广博的学识,为人处世,定是谦谦有礼、优雅大方。

有才艺的女子,她们的生活会更加绚烂多姿。每个女孩都想成为多才多艺的女子,事实上,每个女孩都可以成为才女。才艺是通过后天培养起来的,是需要用时间与热情去积淀的。

那么,女孩怎么做才能把自己培养成为一个有才艺的人呢?

毫无疑问,女孩应该培养自己广泛的兴趣爱好。即使是小时候,父母没有特别地培养诸多才艺的女孩,也不用太过懊恼。因为,并不是所有才艺的培养都需要从儿时开始,除非是一些特别高难度的兴趣爱好。如果你有所热爱,那么就有所侧重地去培养,因为,才艺永远不以年龄为界限。不要以为女孩的面容只用化妆品粉饰,女孩的生活只是饮食和服饰的搭配。在年轻的岁月中,女孩可以有很多的东西去学习。

女孩在学习才艺前,还应该对自己的特质进行一定的了解。每个女孩都有自己的性格,都有自己擅长的方面。所以说,女孩大可不用一窝蜂地去学习所谓的热门和最受欢迎的才艺。只要是有着自己的特色并为自己所擅长

的,都可以算是才艺。作为女孩,即使你只是会吹口哨,即使你只是会剪纸,即使你只是会缝缝补补地做布娃娃,这些都可以成为你的特色,你的才艺。

其实,女孩的才艺培养可以从两个方面来考虑。一个方面,是女孩自己非常喜欢的,另一个方面,则是女孩非常擅长的。选择自己喜欢的事物作为女孩的才艺,可以让女孩开心、让女孩获得享受。选择自己擅长的事物作为才艺,可以让女孩少一些挫折感,可以让女孩更加自信。

当然,女孩在必要的时候,也需要上一些才艺班来培养自己的才艺。但是,女孩需要注意,在选择才艺班的时候,要先问问自己学才艺的目的。在选择才艺班的时候,女孩没有必要一定要选择名师,只要是适合自己的接受方式的授课老师就好。对于女孩来说,学习这项才艺的目的很重要。如果是想凭借这个才艺成就一种事业,那么,在选择才艺班的时候,要注意选择好的老师,还要注意倾听老师的技巧。如果女孩学习一种才艺只是为了全面提升自己的素质,拓宽自己的欣赏领域,那么,女孩在选择才艺班的时候,就不能选择那些应试性过强、目的性过强的才艺班,而应该选择那种能够带领你开启另外一扇门,欣赏另外一个世界、另外一片风景的教师来教给自己才艺。

女孩培养自己的才艺,也不一定要全靠上课。女孩可以从日常生活中发现接触各种才艺的机会。例如,女孩可以去听音乐会,可以去参与小区的团体活动或学校的社团,这些也都是学习及培养才艺的方法。同时,女孩还可以和有才艺的人交朋友,彼此互相学习和交流。

爱好和才艺会使人生活充实,因为有才艺和爱好就有了追求和寄托,但并不是说有才艺和爱好才招人喜欢的。当然,拥有才艺会让自己增色不少。但是,女孩们也不一定要一窝蜂地去追捧才艺。女孩应该尊重自己的兴趣、爱好,尊重自己的想法和选择,做最本色的自己。

总而言之,亲爱的女孩,如果努力,你也可以成为才女。因此,请根据自己的特色,培养自己的才艺,让生活更加多姿多彩吧。

孝敬父母，提高自己的修养

千百年来，在我们中华民族的历史上，凡是孝敬父母的，都会受到社会的赞扬；凡是不孝敬甚至虐待父母的，都为世人所不齿。孝敬父母，敬老尊老，是中华民族的传统美德。孝，作为民族文化遗产之一，是精华，永远不会过时。不管时代怎样变迁，孝敬父母，尊老敬老的传统美德不能变。可是，在现实生活中，有的女孩却没有做到这一点：

一名小学 4 年级的女生，衣来伸手，饭来张口，连自己的床铺都要由母亲来整理。一天，母亲生病卧床，要她自己去楼下的快餐店解决吃饭问题，而且要自己铺床。一听说家务活得由自己动手，该女生竟大发雷霆，对着病床上的母亲大发脾气。

一名初一年级的女生，明知下岗的父亲仅仅依靠修理自行车获得微薄的收入，但花钱仍然大手大脚，经常向父亲索要零花钱。除了出入网吧，每天放学后还在校门口的小摊买上几袋自己喜欢的零食，而当疲惫的父亲要她打一盆洗脸水、取一条毛巾时，她要么以"正在做作业"为由懒得动手，要么嘟嘟嚷嚷，没有好声气。

一名小学 5 年级女生曾在日记中透露，自从年迈的奶奶住进她家之后，她从未主动拿出自己的零食给奶奶吃，而疼爱她的奶奶几次为她买了零食，反被她认为"太次"、"老土"，并把零食扔进了垃圾桶……

真想不明白如今的这些孩子都怎么了，这些"不孝之举"屡见不鲜，但还有更让人震惊、让人难以接受的"不孝之举"不时见诸报端，如辱骂父母、虐待老人……

一位 16 岁女孩的母亲说："我已经不指望年老的时候把她当做我生活的依靠，我只担心她的未来。因为不懂得尊重父母的人，必定得不到别人的尊重。"而一位一气之下体罚了孩子的父亲则说："看到她竟然如此没有孝顺之心，真觉得耗在她身上的心血全白费了。我知道我不该采取这样粗暴的教育方法，但如果不及时教育她，任凭她误入歧途，那就是害了她。"

第三章 请像公主般精致优雅

要知道父母是赐予我们生命的人。我们从呱呱落地到每一步的成长,父母都毫不计代价地牺牲了很多的时间和心血,花费了大量的精力和财力。天下最无私的就是父母对子女的情,孝敬父母是我们做人的起码的道德。

女孩要注意孝敬父母,是从点点滴滴做起的,并不是轰轰烈烈才是孝敬父母。作家毕淑敏曾言"孝心无价":"也许是大洋彼岸的一只鸿雁,也许是近在咫尺的一个口信。也许是一顶纯黑的博士帽,也许是作业簿上的一个'好'字。也许是一桌山珍海味,也许是一只野果一朵小花。也许是花团锦簇的盛世华衣,也许是一双洁净的旧鞋。也许是数以万计的金钱,也许只是含着体温的一枚硬币……但在'孝'的天平上都是等价的。"

我们应该这样想:既然父母对儿女如此恩重如山,做儿女的又有什么理由不孝敬父母呢?不仅没有任何理由,而且做儿女的对父母的孝敬无论好到什么程度,都不为过。

孝顺对女孩有多重要,女孩可以回头看看历史。凡是精忠报国、事业有成的人,都和听从父母善言、尊敬奉养父母、不忘父母的养育之恩分不开。凡是不敬师长、不讲信用、不思进取、好逸恶劳、自私自利、无恶不作、干尽天理不容、危害社会和人民利益的人,都是败家子、逆子,尤其是对父母忘恩负义的人,更是不孝之子。

在古代,帝王在选用良才时,首先就看你是不是孝子。他们认为,连生养自己的父母都不孝,怎么会对我君王尽忠呢?此说十分有理。因为孝敬父母的人忠心耿耿,确实可靠。可见,孝敬父母是一切良好品德形成的基础。所以,女孩应该发扬我国的传统美德,做一个孝顺的女孩。

不仅仅是在中国,放眼全球,孝敬父母也被视作所有美德的基础。被称为"乞丐股票超人"的约瑟夫·贺希哈,是纽约犹太商人的代表,经历了从地狱到天堂的沧桑人生,留下了一串从街头乞丐到股票超人的奋斗足迹。

当约瑟夫·贺希哈掘到人生第一桶金16.8万美元的时候,他首先想到的不是急于把这笔对于他来说来之不易的金钱全部投资于他迷恋的股市交易中,而是拿出了绝大部分为相依为命的母亲购置了一幢房子,让母亲早日走出了低矮潮湿的贫民窟。

约瑟夫也从不忘记与自己长期合作、患难与共的伙伴。他让合作伙伴朱宾全盘负责开采铀矿,事先就给予了朱宾 1/10 的股票优先权,使朱宾在用自己的智慧掘出铀矿的一刹那便成为了百万富翁。

约瑟夫不仅对与他有重要经济合作的伙伴是这样，对他公司的下属职员也十分关心，甚至对一个开电梯的孩子也是如此。这个可怜的孩子有一个多病的母亲，微薄的薪水难以支撑母亲的医药费，约瑟夫便长期承担起对这个家庭进行接济的责任。毫无疑问，约瑟夫·贺希哈的孝顺是值得我们学习的。

要记住，孝顺不仅仅是女孩子看得见的美德，还是女孩子修养的一种体现。对于女孩来说，孝敬父母是一个女儿的高尚的使命，也只有那些孝敬父母的女孩儿才能和美德沾边。因此，亲爱的女孩，不妨现在就给父母一个拥抱或是一个电话吧。

适当沉默，有内涵的女孩最珍贵

俗话说，沉默是金，而我们主张要开口说话，发挥口才，不能总是沉默。在当今社会，总是保持沉默是不合时宜的，毕竟，只有通过语言表达，你才能让自己的才华展现出来，让自己的性格魅力散发光彩，让别人通过你的谈吐来了解你、欣赏你。不过，凡事也都有个度。如果以为"沉默是金"不合适，而偏偏要矫枉过正，不论什么场合什么地点，一律地张扬，尽情表现自己，滔滔不绝，也不是理想的状态。别忘了还有一句话：言多必失，祸从口出。说出去的话就像泼出去的水，再也收不回来。情绪一激动就口无遮拦，中伤别人，打击别人的自尊，让别人下不来台，或者喧宾夺主，夸夸其谈，把真正的主角晾在一边，都是肤浅的做法。

有这样一个寓言故事用来说明沉默的"度"，再合适不过了。

有一天，青蛙问公鸡："你看我每天在池塘里叫啊叫的，多好听啊，是自然的声音呀！可是为什么人们还嫌我烦呢？你每天就叫那么一两声，打扰人家睡觉，可是为什么人们还是那么喜欢你呢？"

公鸡微微一笑，说："那是因为我叫他们起床工作，勤劳播种，才能获得丰收。而你每天在中午人家休息的时候大叫大嚷，什么用都没有，还打扰人休息，还有谁不烦你呢？"

青蛙听了，无言以对。

聪明的女孩，你是愿意学习青蛙还是学习公鸡呢？不言自明吧。

在我们的生活中，有些人为了某个很小的问题争论不休，因一点误会而做大量的解释，或者因出了一些小的差错被人抱怨而与之争锋……这一切都没有必要，因为生活需要沉默。当生活中有的问题你无法回答时，你要明白，有时候，不回答也是一种回答；有时流言四起，冷嘲热讽让你苦不堪言时，沉默便是最有力的抗争。

有时候，放弃攻击的言辞，放弃愤怒的冲动，放弃报复的欲念保持沉默，就是一种宽容的心态。

我们不难发现,聪明的人经常不喜欢解释。在很多人的眼中,解释就是掩饰。因为许多事根本不用解释,就像天不晴是因为雨没下透,下透了便是一片艳阳天。

有一个人想处理掉自己工厂里的一批旧机器,他在心中打定主意,在出售这批机器的时候,一定不能低于50万美元。在谈判的时候,有一个买主针对机器的各种问题滔滔不绝地讲了很多缺点和不足,但是这个工厂的主人一言不发,一直听着那个人口若悬河的言辞。到了最后,那位买主也不想再多说了,直接说道:"我看你这批机器我最多只能给你80万美元,再多的话,我们可真是不要了。"于是,这个老板很幸运地整整多赚了30万美元。

我们知道长时间的沉默会给人造成极大的心理压力。因为人生性是排斥黑暗和沉默的,沉默使人感到没有依靠,有的时候真的可以让人为之疯狂,所以人常常会沉不住气。因此,许多心理战场的高手经常利用"沉默"这一策略来击败对手。他们可以制造沉默,也有办法打破沉默,他们往往以此达到目的。

当然,沉默并不是简单地指一味地不说话,而是一种成竹在胸、沉着冷静的姿态,尤其是在神态上表现出一种运筹帷幄、决胜千里的自信,以此来逼迫对方沉不住气,先亮出底牌。如果你神态沮丧,像霜打了的茄子一般,只能是自讨苦吃了。要明白,沉默只是人们表达力量的一种技巧,而不是本身就具有优势力量。

"静者心多妙,超然思不群"。沉不住气的人在冷静的人面前最容易失败,因为急躁的心情已经占据了他们的心灵,他们没有时间考虑自己的处境和地位,更不会坐下来认真地思索有效的对策。在最常见的讨价还价中,他们总是不等对方发言,就迫不及待地提出建议价格,最后让别人钻了自己的空子。相反,如果能恰当地利用"沉默"这一策略,就能使自己处于主动地位。

在日常交往中,说话可以表现出一个人的开朗、诚恳,但滔滔不绝、没有节制的说话也会表现出虚伪或肤浅。因此,要掌握好说话的度,尤其是在社交场合,做到表情达意即可,切不可大发议论,让人生厌。

亲爱的女孩,适当沉默,就是掌握好说话的度,别因为胆怯缄默而错失了交流的机会,也别因夸夸其谈而招致别人的反感。真正懂得交往真谛的人,都知道什么时候该沉默,这样才能做到不说废话,而一张嘴则"一语中的",这样的人谁不喜欢呢?

克服人性弱点，改掉虚荣习惯

不少人都有虚荣心，这并不是一件好事。虚荣心是一种扭曲了的自尊心。自尊心追求的是真实的荣誉，而虚荣心追求的是虚假的荣誉。单纯的虚荣心与嫉妒心理相比，还是比较好克服的。而二者又紧密相连，相辅相成。所以说，克服一份虚荣，也就少了一份嫉妒。而无论是嫉妒还是虚荣，都会阻碍你走向成功。因此，亲爱的女孩，你要克服人性的弱点，改掉虚荣的坏习惯。

有一只高傲的乌鸦非常瞧不起自己的同类。后来，它到处寻找孔雀的羽毛，一片一片地藏起来。等搜集得差不多了，它就把这些孔雀羽毛插在自己乌黑的身上，直到将自己打扮得五彩缤纷，看起来有点像孔雀为止。然后，它离开乌鸦的队伍，混到孔雀之中。但当孔雀们看到这位新同伴时，立即注意到这位来客穿着它们的衣服，忸忸怩怩，装腔作势，并企图超过它们，大伙都气愤极了。它们扯去乌鸦身上所有的假羽毛，拼命地去啄它、扯它，直揍得它头破血流，痛得昏倒在地。

乌鸦苏醒后，它不知该怎么办才好。它再也不好意思回到乌鸦同伴中去，想当初，自己插着孔雀羽毛，神气活现的时候，是多么的看不起自己的同类啊。

最后，它终于决定还是老老实实地回到同伴们那儿去。回去后，有一只乌鸦问它："请告诉我，你瞧不起自己的同伴，拼命想抬高自己，你可知道害羞？要是你老老实实地穿着这件天赐的黑衣服，如今也不至于受这么大的痛苦和侮辱了。当人家扒下你那伪装的外衣时，你不觉得难为情吗？"说完，谁也不理睬它，大伙一起高高地飞走了。

地面上，孤零零地只留下了那只梦想当孔雀的乌鸦。

没错，华丽的外表不会掩饰空虚的心灵。我们很难想象一个爱慕虚荣的人能有多大的成就，因为他们总是把一些浮在表面的东西作为提高自己地位的条件，而不是扎实地生活和工作。

贪慕虚荣是人性最普遍的弱点之一，我们很容易就会走进贪慕虚荣的怪圈。事实上，每个人看到名车、珠宝和华贵的衣服时都会怦然心动。可是如果我们以为那些奢侈品给我们带来的视觉享受已经远远不如戴上它让别人觉得自己是个有地位的人那样愉快时，我们的虚荣心就有些过头了。

一个人希望别人看得起自己，想得到自尊心的满足，这本身是人之常情，也可以说，这是我们每个人始终不懈努力的人生动力。但是，为了达到这样一个目的，别人采取的办法是不懈地奋斗，而我们又怎么可能选择这条"捷径"呢？一个人本身无能，去希望得到那些有能力的人所受到的待遇，于是不断通过制造一些假象来迷惑自己也欺骗别人。这样的人也许会得到暂时的满足和喜悦，而那些藏在浮华表面的无能和丑陋还是会时时刺痛自己，终究有一天会败露。

如果你是一个虚荣的人，请你一定要明白，一定要抛弃虚荣这个包袱，因为我们每个人都不是为别人而生存的，事实上，除了我们自己，没有人对我们的人生感兴趣，所以，没必要在别人的目光里虚伪地生活。那么，我们该怎样去克服人性的弱点，改掉虚荣的习惯呢？

首先，要分清自尊和虚荣。

虚荣的人在面对他人的质疑时，常常把自尊挂在嘴边，似乎已经忘记了自己是个很有"骨气"的人。其实，自尊与虚荣是两回事，所有的虚荣心都是以不适当的虚假方式来保护自尊心的一种心理状态。虚荣心是自尊心的过分表现，是为了争取荣誉和引起普遍注意而表现出来的一种不正常的社会情感。

所以，从现在开始，不要再表现那些我们嘴上所说的，但事实上却子虚乌有的所谓的才能，在朋友和同学面前要保持自尊，而不是炫耀。也许一开始会不太习惯，但是，如果在觉得困难的时候，能沉默一定的时间，那么，不用多久，我们的内心就会回到正确的轨道上来。

其次，不要为别人而活。

一个虚荣的人是在为别人的眼光而活，却丧失了自我。一旦他人对自己给予肯定、积极的评价，便精神百倍，一旦他人给予的是否定、消极的评价，便垂头丧气，觉得自己一无是处，没脸见人。

所以，从现在起，不要太理会别人对自己的看法，要多多关注自己的内心。

第三,要保持平常心。

要克服虚荣心,还应该学会用平常心来调节自己。必须学会以平常心对待生活、学习和自我,这样就能消除不必要的压力。如果在生活中遇到某些不尽如人意的地方,要能迅速调整自己的心态,保持平常心,这样才不会被虚荣所战胜。

第四,要真诚地面对生活和自己。

为了满足虚荣心,有些人会不顾一切地制造一些看起来的繁华。比如为了一件漂亮的衣服,不惜辛苦攒钱;明明知道自己的工作能力并不能胜任某个职务,可是还是极力争取;为了生日的排场,把一个月的午餐都免了,只为了省钱过一个盛大的生日……

何必要这样让自己为难呢?难道面子比生活的真实更重要吗?从现在起,我们要用真诚来善待自己,用自己的真才实学来充实自己,向世人展示一个真实的自己。不用担心会被人瞧不起,因为只有虚假的东西别人才会瞧不起。

印度思想大师奥修说:"玫瑰就是玫瑰,莲花就是莲花,只要去看,不要比较。"亲爱的女孩,要学会战胜自己,改掉自己虚荣的习惯,这样你才能正确地对待自己,对待他人,你才能与他人和平共处,共同发展。

第四章
自信乐观会让你更美丽

ZHE YANGZUO NVHAI ZUIYOUXIU

　　自信原本就是一种美丽。一位哲人说得好："谁拥有自信，谁就成功了一半。"自信是成为魅力女孩最重要的心理素质之一。而在一般情况下，自信的人相对乐观。假如一个人心态积极，乐观地看待人生，哪怕面对再大的困难，他也会相信事情还有转机。女孩，要知道保持一种积极向上的乐观的态度，是拼搏获胜的关键。如果缺乏乐观的心态，一点点小的风浪就会把人击倒，一点点小的挫折就会让人丧失信心。

　　所以，亲爱的女孩，你要努力让自信和乐观成为自己生活的主旋律。

女孩，自信让你更加美丽

在文学名著《简·爱》中，财大气粗、性格孤僻的庄园主罗切斯特，爱上了地位低下而又其貌不扬的家庭教师简·爱，因为简·爱自信自尊，富有人格魅力。当罗切斯特向她吼叫"我有权蔑视你"的时候，历经磨难的简·爱用充满超人的自信和自尊以及由此带来的镇静的语气回答："你以为我穷，不好看，就没有感情吗？……我们的精神是平等的，就如同你和我将经过坟墓，同样地站在上帝面前。"

正是这种自信的气质，使她获得了罗切斯特由衷的敬佩和深深的爱恋。简·爱这个普通女子的艺术形象，之所以能够震撼和感染一代又一代各国读者的心灵，正是她以自信和自尊为人生的支柱，才使自己的人格魅力得以充分的展现。所以说，相貌平平者，不必再为你的貌不惊人而烦恼，因为"一个人越自信，她的性格越迷人"。女孩应该明白，增加几分自信，你的魅力也就能增加几分。

女孩应该知道，自卑和信心总是一根藤蔓上两朵并生并长的花，自卑有多毒，信心就有多美。生活有无数种可能，生活中有很多奇迹，因为我们有信心，有坚持，才有希望。而希望的美，正在于通过信心的支持，才有可能实现。

自信是一种活法。没有信心的女孩，再漂亮也不是最美丽的；再丑的女孩，只有你有了信心，相信自己，你就是最美丽的。

作为一个女孩，要学会在生活中、在学习上把信心留给自己，因为这样便拥有了一笔取之不竭的财富。我们要把信心当成自己的朋友，不要让信心溜走，一两次失败算不了什么，都只是暂时的。只要你拥有了向前的动力，鲜花和掌声一定会伴你的自信而来。

可以说，屡败屡战是那些成功者们的共性，他们有信心，在不懈的努力下，他们便屡战屡胜了。所以，我们也要与信心为友，战胜挫折，不断追求，在挫折中奋起。

小莉以前是一个害羞而默默无闻的女孩，她总觉得自己就是一只丑小鸭,因为没有自信,常常错失一些良机。后来,她慢慢认识到,要想很好地生存下来,就必须拿出自己的自信。她特别相信美国诗人爱默生的那句话:"自信是成功的第一前提。"于是,她开始学着与"自信"交谈,学着与"自信"一起同行,当她遇到挫折和不快时,"自信"会提醒她:你行的,因为她时刻都在陪伴着你。从此,自信伴随着她成长,也让她尝到了甜头。

第一次在会议中发言时,她心跳得难以自持,想临阵逃脱。这时,领导给了她鼓励的目光:"别怕,你行!"顿时,她有了千百倍的勇气。自信让小莉成功地在会议中表达了自己的想法,并得到了领导的赞同。自信让她尝到了初次胜利的喜悦。

现在小莉可以坚定地这样说:"自信,是烦躁时的音乐,是空白中的色彩,是理想跑道上的润滑剂。"因为小莉已经明白:只有和自信为友,结伴同行,才会有动力,有资本为理想奋斗,与困难拼搏,走向成功与辉煌。没有自信心,哪怕再努力,恐怕也只能面对失败。

所以说,自信的女孩是有魅力的女孩,自信的女孩是光芒四射的女孩。自信的女孩有时候像一本书一样,让遇见她的人印象深刻;有时候又像一杯好茶,远远地就能闻到她的清香,细细地品,又别有一番味道。不仅如此,自信还是女孩成功的基石和筹码,是女孩抓住机遇的勇气和力量。

自信可以让女孩更坚强,更有勇气去面对生活中所遭遇的艰难困苦,在挫折面前不低头,坦然地去面对。自信也让她相信自己能勇敢地去克服所有的困难,并不断完善自己,努力让自己趋于完美。虽然我们知道人无完人,这世上没有真正完美的人,但是能自信地让自己向完美靠近,这就是一种无与伦比的美。因为自信,才让女孩展现了自己最美丽、最有魅力的一面,也让女孩看到了自己本身的价值,看到了生活中最美好的一面。

总而言之,女孩们,请甩掉自卑,拾回自信,向着成功奔跑吧。

自我盘点，在长处比拼中找回自信

女孩大多很敏感，往往非常在意自己的缺点，以至于常常忘记发现自己的优点。然而，女孩在生活中，要善于发现自己的优点，要能够自我肯定，这样，才能找到属于自己的自信。

女孩可以冷静地分析一下自己现今所处的情况，并且细心列举出自己的长处与短处，这样，你就可以发现自己过去不曾注意到的优点了。

在生活中，亲爱的女孩，你要学会发现自己既有的长处。你要学会充分观察自己的长处，一步一步将真实的自我导引出来。当你能够逐步发现自己的长处时，人生的舞台将会越来越生动、有趣，而你自己也会变得非常乐于计划生活。

著名歌唱家宋祖英就是一个善于自我盘点，找到自信的人。她是这样说的："我并不是最好的，别人的优点我学不来，但我的长处和优点人家未必能学到。"所以说，能够发现自己的优点，就拥有了自信的底气。

亲爱的女孩，你要学会对自己进行正确的自我盘点，也就是正确的自我评价。毕竟，每个人都可能犯错误和遇到挫折，因此，女孩，你应该知道永远不要无缘无故把自己说得一无是处。也许你有做错事的时候，例如说错话，但这并不表示你是笨拙的，也许你有缺点，如眼睛小，但也没必要感觉自己羞于见人。

亲爱的女孩，你要了解自己的优点和缺点。例如，你可以找些小卡片，把它们分成两种颜色：一种代表优点，另一种代表缺点，每张卡片上写一个优点或缺点。然后检验一下哪个优点还没发挥，该怎么去发挥这个优点；哪个缺点是你可以不在乎而且可以忽略的，把这些可以忽略的、不在乎的缺点丢掉，然后你会发现自己的优点比缺点多。这样做，不仅能使你更好地发挥自己的优点和克服自己的缺点，还能让你在生活中更有信心。

亲爱的女孩要专注于自己的优点，要正确地评价自己，发现自己的长处，肯定自己的能力。人们常说，人贵有自知之明，这个"明"，既表现为如实看到自己的短处,也表现为如实分析自己的长处。如果只看到自己的短处,似乎是谦虚,实际上是自卑心理在作怪。要记住"尺有所短,寸有所长",每个人都有自己的优势和长处。如果你能学会客观地评价自己,在认识缺点和短处的基础上,找出自己的优势和长处,并以己之长比人之短,就能激发自信心。

在生活中,亲爱的女孩,你要学会欣赏自己,表扬自己,把自己的优点、长处、成绩、满意的事情,统统找出来,在心中"炫耀"一番,反复刺激和暗示自己"我可以"、"我能行"、"我真行",就能逐步摆脱"事事不如人,处处难为己"阴影的困扰,就会感到生命有活力,生活有盼头,会觉得太阳每天都是新的,从而保持奋发向上的劲头。

亲爱的女孩,你要学会正确认识自己,重建自信,这需要改变只看到自己的短处,用自己的短处比别人的长处的思维方式,要反过来经常想想自己有哪些长处和优势,以自己的长处去比比别人的短处,从而逐渐改变自己对自己的看法。在改变对自己看法的同时,再将注意力转移到自己感兴趣,也最能体现自己才能的活动中去。

先寻找一件比较容易也很有把握完成的事情去做,成功后便会有一份喜悦,做完后再同样定下一个新的目标。这样,每成功一次,便会强化一次自信心,逐渐地,自信心就会越来越强。

亲爱的女孩,你要自我盘点,在长处比拼中找回自信,也就是学会为自己鼓掌,自己给自己加油,自己给自己戴朵花,自己给自己发锦旗。这样,你便能撞击出生命的火花,培养出像阿基米德"给我一个支点,我将移动地球"的那种豪迈的自信来。

当然,亲爱的女孩,要学会欣赏自己的优点并不是让你孤芳自赏,也不是让你夜郎自大,更不是让你得意忘形,毫无根据地自以为是和盲目乐观,而是让你激励自己奋发进取的一种心理素质,是以高昂的斗志、充沛的干劲、迎接生活挑战的一种乐观情绪,是战胜自己、摆脱烦恼、拥抱成功的一种自信。这样,你才能从一次次胜利和成功的喜悦中肯定自己,不断地突破各种羁绊,从而创造出自己生命的亮点。

总而言之,每个女孩都是独一无二的,每个女孩都是优秀的。所以自我盘点,发现自己的优点,让自己多点自信吧。

女孩，请正视自己的自卑

没有哪个女孩一生下来就完美无比，每个女孩心中都有小小的自卑，这并无大碍。就像周国平的一句发人深思的话所说的那样："天才的骨子里大都有一点自卑，成功的强者内心深处往往埋着一段屈辱的历史。"

女孩应该明白，人生道路不可能一帆风顺，不如意事常有八九。在前进的路上，困难、挫折、预想的目标一时未能达到，或者自己具有某些缺陷，都可能使女孩产生一种自卑心理，自怨自艾，严重影响学习和生活，甚至走向自暴自弃。

心理学认为，自卑是一种因过多地自我否定而产生的自惭形秽的情绪体验。其主要表现为对自己的能力、学识、品质等自身因素评价过低；心理承受能力脆弱，经不起较强的刺激；谨小慎微，多愁善感，常产生猜疑心理；行为畏缩、瞻前顾后等。自卑心理是压抑自我的沉重的精神枷锁，是一种消极、不良的心境。它消磨人的意志，软化人的信念，淡化人的追求，使人锐气钝化，畏缩不前，从自我怀疑、自我否定开始，以自我埋没，自我消沉告终，使人陷入悲观哀怨的深渊不能自拔，真是害莫大焉。

自卑对于女孩来说，毫无疑问是不可取的。那么，女孩可以逃避自卑吗？生活中，自卑与自信总表现为两个极端，而究其内在联系，二者又往往只有几步之遥。可以说，真正自信的必是有勇气正视自己的人，而逃避自卑只会更加自卑。

女孩应该正视自己的自卑，因为"天下无人不自卑"，何必把自己一棒子打死呢？自卑是我们大多数人在与人做比较时，因相形见绌而表现出的惭愧、羞愧、畏缩甚至心灰意冷的心理。这种心境或许每个人都会有，但是，这并不是说自卑的人就会永远自卑，只要女孩能够正视自己的自卑情绪，找到自己自卑的源头，用对找回自信的方法，就能够从自卑的阴影中走出来。

其实，每个女孩都有过这样或那样的自卑，只是自卑的起因、程度不同罢了，而自卑却又可能蕴含强大的超越力量。一个人可能因为自卑而畏缩，甚至自暴自弃。也可能超越了自卑,却又陷入自大的陷阱。因此,每个人都应该以坦然的态度面对自我内心中的自卑情结,可藉由追溯幼年时期的回忆,从中找出自卑的根源,并分析现在的种种行为,有哪些是与幼时的处境有所关联,使自己在工作、处事上,避免走入自暴自弃或是骄傲自大的偏锋。

自卑的根源是多方面的,家庭背景,经济政治情况等社会方面的原因会引起差人一等的感觉,但这种自卑随着个人的发展有可能会逐渐消失,还有一个重要的根源是个体经历的失败和挫折。

对女孩来说,往往一遇到"事事不如人"的情况,就会感到沮丧,不能冷静地总结经验教训,这样既不能正确处理失败和挫折,又会导致屡遭失败和挫折,慢慢地就产生了深深的自卑感。无论哪方面自卑,其实都是自己看不起自己,自己对自己评价过低,从而对外界评价敏感,缺乏自信,严重者甚至沮丧轻生。那么,女孩应该如何正确地面对自己的自卑,如何克服自卑,建立自信呢? 可以从以下几个方面入手。

●重新认识自卑

女孩应该重新认识自卑。自卑对于每个人来说其实是正常的,也是必需的,否则我们就没有上进心。没有自卑感,也就没有我们每个人改变目前卑劣地位与走出劣境的心理动力。自卑与自信仅有一步之遥,只要化自卑为动力,不断进取,成功总会垂青于我们的。

●走出自我,以平常心看待困难与挫折

人生不可能总是一帆风顺, 每个人都会遇到这样或那样的困难和挫折。对此,保持平常心,适当调整,你将会发现"暂时的落后不等于一味的落后;一时的不如意,不等于永久的不如意",在失意的时候,不妨借鉴一下阿 Q 的"精神胜利法",因为,你在某方面的自尊完全可以通过其他方面的优越来补偿。

●笑对人生、培养乐观的生活态度

自卑心理是逐渐形成的,要逐步克服它,我们还要注意培养自己乐观的生活态度,培养自己坚强的意志,注意仪表的端庄,注意言行的文明,经常自我鼓励,自我暗示:"我一定行","我一定能做好"等等。树立自信,鼓起勇气,脚踏实地,埋头苦干,才能活出潇洒的自我。

亲爱的女孩,你应该知道,或许你的确有一些不如别人的地方,但是你

不必非去改变它。因为每一个人同周围的人相比，不如别人的地方是很多的。没有任何一个人处处比别人强，何况有些"缺陷"是通过努力也改变不了的，那么你就不用理会它。比如长相丑，比如地位低，家庭环境差，你一时也无法改变。你可以羡慕别人，有点自卑感，但你不可过于看重它，变成包袱背在身上。你应该做的是把精力放在经过努力可以赶上并超过别人的方面，即通过努力奋斗，以取得某一方面的成就来补偿自身的缺陷，从而在倾斜的心理天平上投入恢复平衡的砝码。

比如，你的智力不如人，你可以付出比别人多的代价，获得同别人一样多的或超过别人的知识；再比如你的相貌不如别人，身高也较为矮小，身材也不怎么样，那也没必要自卑，你可以在其他方面发掘自己的闪光点，让他人刮目相看。这样，你就能够驱逐自卑的阴影，找到其他的优势来让自己自信。

女孩要记住，逃避自卑只会更自卑，选择直面，你就选择了一种精彩。

乐观满足，让快乐时刻相伴

李渔曾经说过："乐不在外而在心，心以为乐，则是境皆乐；心以为苦，则无境不苦"。意思是说幸福与不幸福、快乐与不快乐并不是彼时的一种状态，而是一种态度，一种源自于内心深处的对待生活的态度。

生活对谁来说都不会是一帆风顺的，现在的社会对于任何人来说都是不容易的，总有这样或那样的事困扰着我们。可是，事物都是有正反两面性的，有时候我们改变不了事实、改变不了环境，但却能改变我们的态度，我们控制不了他人，却可以掌握自己。换个角度去想问题，也许心境就会豁然开朗。

对于女孩而言，这个道理尤为明显。在这个世界上，没有十全十美的女孩，每个女孩都有自己独特的美，所以我们要善于发现美、挖掘美，学会了解自己、欣赏自己、热爱自己。

乐观的女孩是众人心中的天使，不会成为交谈的负累，不会给他人造成心理压力。没有谁每一天的日子都是晴空万里，一个乐观聪明的女孩懂得去寻找快乐，并放大快乐来驱散愁云；一个乐观的女孩明白简单生活就是快乐，她会把复杂的事情简单处理，不会为自己和他人设置心灵障碍，不会让琐碎的小事杂陈心头，她会定期消除心里的垃圾。所以，女孩可以不美丽，但一定要乐观，保持一颗阳光的心，传达给周围的人一种快乐的气氛，让整个世界都豁然开朗。女孩应该考虑让自己创造快乐，而不是等待别人给予快乐。女孩可以有自己的社会交往，自己去购物、健身、旅游，学习新东西，让自己活得更有价值，这样才能更快乐，而且影响周围的人也快乐。

乐观的女孩会不吝啬自己的笑，她自然的笑容有如一缕春风，像一溪涓涓清泉，轻轻地抚慰自己，也滋润着别人。乐观女孩的"动"是跳动的欢快的音符，给人以感染和向上的激越；乐观女孩的独处是无风的湖面，让人舒缓、安详而神怡。乐观的女孩更加大度、通情达理、善解人意，会用女孩特有的宽厚、细腻、善意去宽容别人、接纳别人。乐观的女孩更加自信、坚韧，不会轻易

被挫折、伤痛所击倒，不会沉迷在自艾自怜里，不会桎梏于凄美的文字和伤感的音乐里，不会反复玩味吮舐自己的伤口。在乐观女孩的眼里，天更高更蓝，夏雨也无比透明可爱……

乐观的女孩更可爱。就像一本书中所说的那样：人以为自己处于某种状态，他就会自觉不自觉地顺从于这种状态，这种状态就会愈发明显。

如果整天陷在那些郁闷烦恼的事情当中，慢慢地，所有的快乐都会从我们的生活中偷偷地溜走，因为我们悲观的心让我们的眼睛失去了发现美、发现快乐的光亮，久而久之，我们的生活或许就将真的成为我们所担心的那样糟糕与无助了。

有句箴言这样说："生活就如同是一面镜子，假如你微笑地对着它，它也会微笑地对着你。假如你沮丧地看着它，它也会沮丧地对着你。"通常，乐观是值得赞扬的，是能够带来积极性的情绪，而悲观不仅给自己带来情绪的不快，也会影响他人的情绪。既然如此，为什么不乐观呢？

女孩应该明白，要做一个乐观的人，就不能太挑剔。乐观的人都有一颗宽容的心，能够原谅社会上的一切。悲观的人往往很挑剔，他们看不惯社会上的一切，认为什么都不合自己的心意，如果别人的举动不符合自己的理想模式，就会产生悲观情绪。但有些时候，我们换个角度想问题可能更有效。有悲观情绪的人一般都是因为思维方法不对所致。例如，当一个人看到一个久违的朋友离自己不远时，很热情地跟对方打招呼，而对方却没有和他打招呼。这时，他就以为是对方不再理他了，从而心里觉得很失落。但如果反过来想："他可能没看见我。"就会原谅对方，也不至于影响自己的情绪了。

做一个拥有乐观心态的女孩，还必须善于发现自己的优势。不管有多么严峻的形势向你逼来，都要努力去发现有利的因素。不久，你就会发现自己还有一些小的成功，这样，就不至于悲观了。当然，偶尔也要学会屈服。当面临一些不可改变的事实时，要冷静地承认所发生的一切，因为无论怎样悲观都无济于事，还不如勇敢面对。在可能的情况下，尽量扩大社会交往。有句话说："朋友是最好的药"，如果长期和乐观的人待在一起，悲观的情绪自然就会减弱。

做一个拥有乐观心态的女孩，还必须懂得满足。没有一个人认为他自己的生活中已经不再缺少什么,假如他来到一个恶劣的生活环境中时,他会向往或怀念这种生活,但当他自身处在值得满意或值得艳羡的生活中时,他总会觉得贫乏和不如意。

有位国王,天下尽在手中,照理应该满足,但事实并非如此。

国王自己也纳闷,为什么自己对生活还不满意,尽管他也经常参加一些有意思的晚宴和聚会,但都无济于事,总觉得缺点儿什么。

一天,国王起了个大早,决定在王宫中四处转转。当国王走到御膳房时,他听到有人在快乐地哼着小曲。循着声音,国王看到是一个厨子在唱歌,脸上洋溢着幸福和快乐。

国王很是奇怪,他问厨子为什么如此快乐,厨子答道:"陛下,我虽然只不过是个厨子,但我一直尽我的所能让我的妻子儿女快乐,我们所需不多,头顶有间草屋,肚里不缺暖食,就够了。我的妻子和孩子是我的精神支柱,而我带回家哪怕是一件小东西都能让他们无比高兴。我之所以天天如此快乐,是因为我的家人天天都快乐。"

听到这里,国王让厨子先退下,然后向宰相询问此事,宰相答道:"陛下,我相信这个厨子还没有成为99一族。"

国王诧异地问道:"99一族?什么是'99一族'?"

宰相答道:"陛下,想确切地知道什么是'99一族',请您先做这样一件事情。在一个包里,放进去99枚金币,然后把这个包放在那个厨子的家门口,您很快就会明白什么是99一族了。"

国王按照宰相所言,让人将装了99枚金币的布包放在了那个快乐的厨子家门前。

厨子回家的时候,发现了门前的布包,好奇心让他将包拿到房间里。当他打开包后,先是惊诧,然后狂喜:金币!全是金币!这么多的金币!厨子将包里的金币全部倒在桌上,开始查点金币,99枚,厨子认为不应该是这个数,于是他数了一遍又一遍,的确是99枚。他开始纳闷:没理由只有99枚啊?没有人会只装99枚啊?那么那一枚金币哪里去了?厨子开始寻找,他找遍了整个房间,又找遍了整个院子,直到筋疲力尽,他才彻底绝望了,心中沮丧到了极点。

他决定从明天起,加倍努力工作,早日挣回一枚金币,以使他的财富达到 100 枚金币。

由于晚上找金币太辛苦,第二天早上他起来得有点晚,情绪也极坏,对妻子和孩子大吼大叫,责怪他们没有及时叫醒他,影响了他早一天挣到一枚金币这一目标的实现。

他匆匆来到御膳房,不再像往日那样兴高采烈,既不哼小曲也不吹口哨了,只是埋头拼命地干活儿,一点儿也没有注意到国王正悄悄地观察着他。看到厨子的心绪变化如此巨大,国王大为不解,得到那么多的金币应该欣喜若狂才对啊。他再次询问宰相。

宰相答道:"陛下,这个厨子现在已经正式加入'99 一族'了。'99 一族'是这样一类人:他们拥有很多,但从来不会满足,他们拼命工作,为了额外的那个'1',他们苦苦努力,渴望尽早实现'100'。原本生活中有那么多值得高兴和满足的事情,因为忽然出现了凑足 100 的可能性,一切都被打破了,他拼命去追求那个并无实质意义的'1',不惜付出失去快乐的代价,这就是 99 一族。"

因为得到一些,于是渴望拥有更多。其实,每当一个人最起码的愿望满足之后,他必定还要有第二个愿望,将来还会接着有更多更大的愿望,永无满足。

要想做一个拥有乐观心态的女孩,就要懂得知足。不要让更多的欲望拖累自己,还应该学会以幽默的态度来对待自己所面临的困难。有幽默感的人,往往能轻松地克服厄运,排除心中的悲观情绪。

愿每个女孩的脸上都洋溢着阳光般的笑容,愿乐观成为每一个女孩人生的主旋律。让我们在乐观中撷取一份坦然,一份惬意。

第二名的女孩一样幸福

相信每个女孩都有着无数的夺得第一的梦想和愿望，都有生活中追求的最高目标。但是，并不是每个女孩都十分幸运，也并不是每个女孩都能够经常拥抱第一。那么，得了第二名该怎么办呢？这个时候，女孩应该换一个角度思考问题，要明白，第二的女孩其实一样幸福。

如果女孩位列第二的时候也能够乐观而且快乐地生活，那么，她就会像一个使者，能让我们忘掉烦恼和痛苦。有许多女孩，与生俱来就有许多让她感觉到快乐的因素；也有许多女孩，一生悲观一生苦恼，好像注定与快乐无缘。然而，只要你用心去寻找，很快就会发现：快乐其实很简单。更重要的是，快乐其实和第一、第二无关。

对一个人来说，快乐地活着就是成功的，所以谁都渴望自己能够拥有更多的快乐。然而快乐并不是一定要和第一联系上的，要知道，很多夺得第一的人并不快乐，当然，也就有更多的排在第二的人怨天尤人，怪上天不偏爱自己，怪命运多舛，抱怨事业不顺而不快乐。其实，排在第几真的不是你不快乐的决定因素，因为幸福其实并不需要很多的物质来定义，幸福其实很简单，它存在于你的心中，只要懂得珍惜生活中点滴的女孩就是幸福的，她们不需要过多地进行攀比，不需要事事都做第一。因为，做第二一样幸福。

女孩，如果你现在还没有明白这个道理，那么请试着想一下：成功者毕竟是少数，可能仅有1%。你只是被成功的氛围所感染，却不可能成为其中的1%。而从个人发展的角度来说，你也完全没有必要为了那1%的成功而经受无数次的打击，从而丧失了在其他方面发展的大好机会。女孩有时候要学会放平自己的心，要懂得总会有不如意的时候，要学会在第二的情况下仍然乐观、幸福。

女孩应该知道，世界上的幸福总是有瑕疵的，只要你有一颗肯快乐的心，就一定能够看到幸福的存在。你必须掌控好自己的心舵，下达命令，来支配自己的命运，寻找自己的快乐。只有具备了淡然如云、微笑如花的人生态

度,任何困难和不幸才能被炼成通向平安的阶梯。

要知道,快乐本没有绝对的意义,平常一些小事也往往能撼动你的心灵。快乐与否,只在乎你的心怎么看待。只要你愿意快乐,那么,不管在什么情况下,你都可以获得快乐。

女孩要想在没有成为第一的情况下也幸福,需要有好的心态。人的心态不同,所过的生活也是完全不同的。有一些女孩很懂得调整自己的心态,她们始终在用一种乐观的态度看待自己的生活,她们有着良好的人际关系,有着健康的身体和健康的心态,她们大多快快乐乐地过着高品质的生活。这就是第二的幸福女孩。

从某个方面来看,任何痛苦都是自己找的,任何快乐也是自己找的。因此,女孩请牢记,苦痛源于你的心境,快乐与否在于你的心态。将心态随时归零,就会发现人生处处充满着神奇和快乐,那么,你也就不会再在意于你是第一还是第二了。其实,既然努力过,又有什么后悔和抱怨,即使是第二,也应该觉得幸福和快乐。

当然,女孩的积极快乐的心态不是与生俱来的,而是在现实生活中逐渐形成的。这是需要女孩有一颗平常心的。事情就是这样,你不可能总是幸运,人外有人,天外有天,我们应该更加努力,而不能因为是第二就一味消沉。亲爱的女孩,不要让自己短短几十年的光阴在悲叹中度过,而是要以一种乐观积极的心态去寻找快乐。

亲爱的女孩,不要把自己的快乐封闭,要在第二的时候也能够乐观幸福,让自己真正地成为一个快乐的人吧。

保持微笑面庞,才能防止烦恼爬上眉梢

每个女孩都想永远美丽,每个女孩都想烦恼从此与自己无关。那么,对于女孩来说,不让烦恼爬上眉梢的秘诀是什么呢?答案其实很简单,也很容易做到,那就是保持一个微笑的面庞。美丽无忧的女孩子并不是她们天生就比其他的人多很多的优待,只是她们很少抱怨生活给予的磨难,总是能够微笑着去唱生活的歌谣,把每一次的失败都归结为一次尝试,不去自卑。把每一次的成功,都想象成一种幸运,她们用微笑的力量,去关照周围,去感化周围。

微笑蕴涵着丰富的含义,同时也传达着动人的情感。微笑会使人感到亲切、安慰和愉悦,女孩的魅力,尽可蕴涵在不言的微笑之中。凡是微笑的女孩都是迷人的,女孩的微笑也是最动人的,所以我们应该经常保持微笑。

要知道,一个女孩最动人的谈吐首先是永恒的微笑。难以想象一张板着的脸、怒气十足的脸、凶悍的脸会是美丽的脸。在生活中,一个友好、真挚、楚楚动人的微笑,必将会散发出无穷的魅力。微笑,不用花上一分一文,产生的效果却是巨大的。得到微笑的人,可能会因此更加富足,给予别人微笑的人却不会因此而变得贫穷。微笑只是短短的一瞬,但是它留下的记忆有时却能永存。不论富裕还是贫穷,都少不了微笑。富人也好,穷人也罢,都会因为微笑而变得富有。

对于女孩来说,脸上的微笑是彼此心灵沟通的钥匙,微笑能打开人们心灵的窗户,是盛开在人们脸上的一朵美丽的花,时时刻刻散发着迷人的芬芳。当心烦意乱时,别人一个鼓励的笑,会使你心平气和地走出颓废的低谷;发生矛盾时,彼此一笑,就能"化干戈为玉帛";亲朋好友分手时,彼此赠送一份恋恋不舍的微笑,就蕴含了美好的祝愿与悠长的牵挂;与陌生人同行时,对方微微一笑,就能减少拘束,让彼此容易沟通。

对于即将踏上人生旅途的女孩来说,什么行李都可以不带,但不能没有微笑。微笑不受岁月的侵蚀,每一次微笑都是新感觉,这种感觉传给他人,会印在别人的心里,当身体衰老时,微笑却能永葆青春的色彩。

西方一位心理学家做过关于微笑训练的实验，要求受试者每天坚持对人微笑，实验结果很是令人吃惊。一个月后，有人感激地说："我原本不爱笑，但从实验开始，我每天坚持微笑，结果发现我在家庭和工作中得到的快乐，比过去一年中得到的还多。现在我已养成了微笑的习惯，而且我发现人人都对我微笑，以前对我冷若冰霜的人，现在也显得热情起来……"

心理学告诉我们，外部的体验越深刻，内心的感受越丰富。也就是说，有了外部的"笑容"，也就有了内心的"欣喜"。每天晚上对镜中的"你"笑上几分钟，然后含笑而眠；早上起来，心中默念"嘴角翘，笑笑笑"，你会发现因为有了笑容，心情也变得好了起来。

因此，女孩应该学会微笑。因为微笑不仅表示了一种心理的放松和坦然，更是一种自尊、自爱和自信的表示。微笑是成功者的自信，是失败者的坚强；微笑是人际关系的黏合剂，也是化敌为友的一剂良方。微笑是对别人的尊重，是对爱心和诚心的一种礼赞。

虽然说，微笑是人类与生俱来的本能，但是，人类的这一宝贵资源却常常被虚置、被忽略、被关闭、被凝固。很多女孩不笑的原因很简单：学习压力太大，和朋友的关系没有处好……其实，这都没有什么大不了的，女孩应该用微笑去与大家交流，说不定会有意外的收获。

女孩要养成微笑的习惯，这样在将来的生活和陌生的环境中，微笑才不会被忽略。在女孩将来的生活和工作中，难免会接触或置身陌生的环境，在陌生的环境里，人人都习惯板起一张面孔，保护着原本虚弱的尊严，以免受到来自外界的侵犯和伤害。结果，陌生的环境照例还是陌生的，你所担心的那种"危险"仍然潜伏在你的周围。这样，反倒把自己搞得很累很乏。

其实，面对陌生，最好的方法是保持微笑。在陌生的环境里保持微笑，是一种心理的放松和坦然。对待陌生人，我们也不妨微笑着给予多一些的真诚与和善，这样，我们的心里也会变得轻松而愉快。人与人之间虽无言但很默契，我们在陌生的环境里感到的不再是陌生冰冷，而是融洽和温暖。这就是微笑的魅力。

女孩的确应该经常微笑，但是这并不代表女孩要时刻微笑。微笑虽然可以给陌生人之间带来温情和友谊，但是，在某些场合，微笑也可能不合适。女孩在露出微笑之前还有必要弄清楚自己所处的局面,否则,往往会造成莫大的误会。有时候,不适当的笑会被误认为"嘲笑",有时候会被误认为"默认"。所以,女孩对于微笑的分寸与尺度也是需要注意的。

亲爱的女孩要明白,漂亮的女孩悦目,聪明的女孩悦心,而微笑的女孩一定是最美的。

失去也是一种获得

有人曾说过:"如果你因为失去了太阳而流泪,那么你将也失去群星了"。这句话很有哲理。生活中既有失望也有希望,有痛苦也有欢乐。因此,我们要明白失去是痛苦的,但不能因此失去对生活的信心与希望,不能陷在焦虑与遗憾的泥沼里自暴自弃。

世间万物都是一分为二的,有其利必有其弊,十全十美的事情是不可能存在的。俗话说得好:金无足赤,人无完人。当你遇到遗憾和失败时,重要的是看你怎样去面对和接受这个现实,而不是低头叹息,任由其意志消沉。我们要走好人生的每一步,必须要有坚强的意志和脚踏实地的精神。即使前方道路是泥泞的、崎岖的,充满着危机,尽管你战战兢兢地向前走,也不可能避免偶尔会摔上一跤,甚至会摔得头破血流,但只要你能勇敢地爬起来,重新站起来,继续往前走,胜利总是会属于你的。就像童话故事里讲的一样:

国王有七个女儿,这七位美丽的公主是国王的骄傲,她们那一头乌黑亮丽的长发远近皆知,所以国王送给她们每人 10 个漂亮的发夹。

有一天早上,大公主醒来,一如往常地用发夹整理她的秀发,却发现少了一个发夹,于是她偷偷地到二公主的房里,拿走了一个发夹。

二公主发现少了一个发夹,便到三公主房里拿走一个发夹;三公主发现少了一个发夹,也偷偷地拿走了四公主的一个发夹;四公主如法炮制拿走了五公主的发夹;五公主一样拿走六公主的发夹;六公主只好拿走七公主的发夹。于是,七公主的发夹只剩下了 9 个。

隔天,邻国英俊的王子忽然来到皇宫,他对国王说:"昨天我养的百灵鸟叼回了一个发夹,我想这一定是属于公主们的,而这也真是一种奇妙的缘分,不晓得是哪位公主掉了发夹?"

公主们听到了这件事,都在心里想着:"是我掉的,是我掉的。"可是除了七公主外,其他公主们的头上明明完整地别着 10 个发夹,所以都懊恼得很,此时,七公主走出来说:"我掉了一个发夹。"

话才说完，一头漂亮的长发就因为少了一个发夹，全部披散了下来，王子不由得看呆了。

故事的结局，当然是王子与七公主从此一起过着幸福快乐的日子。

为什么一有缺憾就拼命去补足呢？10个发夹，就像是完美圆满的人生，少了一个发夹，这个圆满就有了缺憾；但正因为这种缺憾，未来就有了无限的转机，这又何尝不是一件值得高兴的事。

其实，失去也是一种得到，人生本来就是一次坎坷的旅行，并不是一切美好的东西都会归为己有。得到的并不是真的那么美好，失去的也并不是就会毫无价值，最主要的是我们要用什么样的心态去面对眼前的一切。

人生的道路是漫长的，如果你只会一味地感伤失去，那么你将一无所有，只有有能力去享受失去的"乐趣"的人，才能真正品尝到人生的幸福。失去的时候，你可以哭，可以发泄，可以找朋友倾诉……过后，你的世界就会充满阳光。

很多时候，人们总是期望获得，害怕失去。其实，这本也是无可厚非的人之常情。但如果我们能够从失去之中吸取到足够的经验与教训，避免之后失去更多，我们就可以庆幸我们其实获得的更多。倘若我们能看得更远一些，更淡一些，更超然一些，我们或许就会变得勇敢，变得无畏，变得自信，有了这些，成功就会水到渠成。

在生活中，我们既要享受收获的喜悦，也要享受"失去"的乐趣。失去是一种痛苦，也是一种幸福，因为失去的同时你也在得到。失去了太阳，我们可以欣赏到满天的繁星；失去了绿色，我们可以得到丰硕的金秋；失去了青春岁月，我们就走进了成熟的人生……

亲爱的女孩，或许生活就是这样："得之桑隅，失之东隅"。生活没有永远的一帆风顺，正如古人说的那样："人生不如意者十之八九。"在漫长的岁月里，顺境与逆境，得意与失意，快乐与痛苦，无处不在，无时不困扰着我们。于是，生命里留下了许许多多的遗憾印迹，生活里有了无数声长吁短叹。遭遇坎坷，面对困境，我们总是在利与弊之间取舍，在失去与得到的交替之中成长。

人生中，缺憾不可避免，亲爱的女孩，你该怎样面对呢？失去也是一种获得，所以，无论是得是失，你同样要快乐。

第四章　自信乐观会让你更美丽

遇事不钻牛角尖

有一则脑筋急转弯这么说:"一个人要进屋子,但那扇门怎么也拉不开,为什么?"答案是,因为那扇门是要推开的。

生活中,我们也会犯一些如只知拉门进屋、不知推门的错误。其中的原因很简单,就是我们有时遇事爱钻牛角尖,不会变通。有时候,周围的环境变了,我们却不知道变通,还在固执一端,认死理,结果会闹出不少笑话来。

《吕氏春秋》里记载的刻舟求剑,说的就是一种刻板的,不知变通的思维方式。有的时候我们的思维就像那把剑,环境的大船已经变了,而我们却还在那里原地不动。俗话说:"变则通,通则久。"只要我们学会变通,许多事情都能变不可能为可能,坏事也可能变成好事。

很久以前,人们走在路上,没有鞋子穿,要忍受碎石硌脚的痛苦。在一个国家,有一个仆人把国王所有的房间都铺满了牛皮。当国王双脚踏在牛皮上时,感到非常舒服。于是,国王便下令在全国所有的马路上都要铺上牛皮,好让国王走到哪里都会感到舒服。有一个大臣建议说:"不需要如此大费周折,只要用牛皮把国王的脚全部包起来,再拴上一根绳子就可以了。"于是,今后无论国王走到哪里,都会感到舒服了。

故事中的大臣是聪明的,他就是懂得变通的人。他的变通,使节约和舒服两全其美。

如果我们在学习之余,学会了变通。随时调整自己的心态、前进的方向和做事的步骤,做起事来就会产生事半功倍的效果了。烦恼减少了,做事的效率提高了,自己也会觉得更轻松了。

有一个读书人,本来没有大学问,可不论见到什么事都喜欢与人争论。

一天,这个读书人到艾子那儿去,看上去是请教艾子,而实则是刁难人。他问艾子说:"凡是大车的车身下面和骆驼的脖子上,都系着铃铛,这是为什么呢?"

艾子回答说:"大车和骆驼都是很大的,而车和骆驼又经常在夜间赶路,如果它们一旦狭路相逢，就难以回避而相撞。因此，给它们挂上铃铛正是为了在离得还较远时就互相给对方送个信，以便提前回避。"

不等艾子说完，那人又问："佛塔的顶端也挂着铃铛，佛塔永远都固定在一定的地方，难道佛塔也需要挂上铃铛以便夜间行走避免相撞吗？"

艾子有点不高兴地说："你这个人真是死板。你没看到那些雀鸟总喜欢在高处筑巢吗？它们筑巢的地方总会撒下污秽不堪的粪便，在塔上挂着铃铛，当雀鸟飞来时，铃铛便摇晃作响，这样，雀鸟就不敢来筑巢了。这和大车、骆驼挂铃铛是完全不相干的事。"

这个读书人好像很不知趣，他又问："猎鹰、鹞子的尾巴上也都带着小铃，这也是为了防止雀鸟在它们的尾巴上筑巢吗？"

艾子一听，"扑哧"一声忍不住笑了，说："看你也是个读书人，是故意装傻呢还是真不开窍呢？猎鹰、鹞子捕捉鸟兽常常进入树林或灌木丛中，束脚的绳子有时被树枝挂住，挣脱不开，于是它们在振动翅膀时铃声就会响起来，猎人听到铃声，就可以知道它们在哪里，就能找到它们。猎鹰、鹞子脚上系铃铛，当然跟雀鸟筑巢没什么关系了。"

读书人还不罢休，继续纠缠着问艾子……

生活中有些人爱钻牛角尖，只知道片面地抓住某些事物的表面相似之处，把偶然的巧合当做必然的联系，因而犯了偷换概念、混淆是非的逻辑错误。

改变钻牛角尖的现状，重要的不是改变事实，而是改变自己。一个爱钻牛角尖的人，需要这样改变自己，那就是哲学家威廉·詹姆斯的忠告："要乐于承认事情就是如此。能够接受发生的事实，就是能克服随之而来的任何不幸的第一步。"

其实，每个人都或多或少有一至两项以上的"牛角尖"思想，这并不奇怪。但"牛角尖"思想愈多，只会令自己更不快乐，感到痛苦和失望，患上抑郁症、焦虑症及性格障碍的机会也愈大。所以，我们不妨检视自己有没有这些"牛角尖"思想，有的话，就尝试改变，例如不要把事事都想得"很严重"，要学会换个角度思考。

亲爱的女孩，你是不是特别爱较真，想起什么就非要做，不做心里就不

舒服呢？如果是这样,那么请强迫自己停下来,我们做事情要有规律,不要想怎样就怎样。女孩,也许你在学习上也会钻牛角尖,这时,你要考虑,是不是本身你想问题的思路已经错了，可你就不知道改过，而总认为自己是对的呢？如果是,那么请强迫自己停下来,因为你的灵感可能就出现在第二天或者下一个小时。

第五章

口吐莲花才讨人喜欢

ZHE
YANGZUO **NVHAI**
ZUIYOUXIU

　　世间有一种能力可以使人很快完成伟业，并获得世人的认可，那就是讲话令人喜悦的能力。语言是连接人与人之间的纽带，纽带质量的好坏，直接决定了人际关系的和谐与否，进而会影响到事业的发展以及人生的幸福。尤其对于女孩，拥有卓越的口才、与他人进行有技巧的谈话，会让你更讨人喜欢。

克服羞怯，大胆张开你的嘴巴

人的羞怯情绪似乎是一种与生俱来的品质，从某些领域来看，羞怯并不一定是一个完全贬义的词，有人甚至认为"适当的羞怯是一种美德"。在现实生活中，我们确实能遇到十分害羞的人，他们一方面对自己缺乏信心，不喜欢公开亮相，无意与他人竞争，遇事犹豫不决，表现得很不善于交际，但另一方面又往往勤于思考，凡事多为人着想。我们也会遇到一些不太羞怯的人，一方面，他们往往对自己十分自信，很少拘谨，能够捕捉到较多施展自己才华的机会，另一方面，也可能太过冒失，容易与人争执，从而得罪和伤害别人。因此，羞怯与不羞怯究竟是好是坏，不能一概而论。但它们都不能超过一个限度，过度的羞怯则会使人消极保守、沉溺在自我的小圈子里，而不利于一个人的成功，甚至有可能造成心理障碍。

亲爱的女孩，你是不是像很多人一样，总是喜欢给自己贴上各种标签？例如"内向"、"害羞"、"不善言辞"等，这些否定性的评价只是来源于对自己过去拙劣表现的主观评价，看上去好像证据确凿，以为自己果真如此，所以干脆放弃了努力。这些想当然的理由不是逃避的借口又是什么呢？一个找借口、编借口的人，不是胆小鬼又是什么呢？

亲爱的女孩不要忘记，一个人始终是不断发展的，某一次的做事方式不一定就意味着你永远都会如此，不要以偏概全。要想战胜心理上的障碍，就要先从改变对自己的评价开始，换一个角度，你会对自己信心倍增。我们不妨借鉴下面的步骤，如果你能做到这几点，就一定不会再是从前那个羞于开口的"丑小鸭"了。

首先，循序渐进，一步一步树立你的信心。

一名从事簿记工作的女孩想要获得会计学位，但她却羞怯得不敢去参加大学的课程。"我害怕在课堂上被提问。"她说。于是，心理学家为她制订了一套循序渐进的计划来帮她战胜羞怯。

最开始，心理学家让这名女孩到校园里走走，熟悉一下环境。然后，女孩报名参加了一个小规模的短期学习班,坐在最后一排,不与任何人攀谈。经过一段时间后,她开始慢慢与其邻座讨论一些有关的学习问题。最后,她注册参加了会计课程的学习,也能轻易应付提问和积极参加班上的讨论了。

其次,主动一点,争取先开口。

克服了心理障碍,找到了勇气,就要马上行动,付诸实践。当你感到紧张的时候,就试着对别人微笑,一般没有人会拒绝这样善意的表情的;之后,你可以友好地说一声"你好",这样,双方由于陌生而产生的不安会马上消除;接下来再自然地谈一些公共话题,例如天气、新闻或者对方身上一些明显的特征,你们的交谈会马上步入正轨。

在接触的过程中,你也要做好心理准备去经历挫折。比如,有时候对方反应冷淡,这也没有关系,因为没有人可以被所有的人喜欢和接受。况且,万事开头难,只要你迈出第一步就好了。要知道,失败也是生活的一部分,无论什么结果都应坦然接受。

第三,坐在醒目的位置。

害羞的人常喜欢坐在角落,免得引人注目。可是这样一来,别人可能真的很难注意到你,而你也会产生"没人关心我"的负面想法,结果变得越来越胆小,这就是一个恶性循环。要想改掉这个习惯,就必须鼓起勇气坐到大家的中间,试着坐在人群的中心位置,起码要坐到显眼的位置上,让别人有机会注意你,而你在别人的注视之下,也会因此而开心,从而变得更加自信。

第四,大声说话,眼神坚定。

害羞的人说话都很小声,要想改变这种状况,不妨把你的音调提高,你就会更加相信自己有权说话。当别人跟你讲话时,眼睛要看着对方,直视他会让你感到自己有一股力量。当然,不是让你瞪着对方不动,但至少要让对方知道你是在倾听他的讲话,是用眼神、用心在跟他交流。

第五,不怕受挫,坚持自己。

当你说的话无人理睬、无人应答的时候,别灰心,也别有灰心的想法,马上换个方式再重复一遍。要知道很多时候并不是因为别人对你的话不感兴趣,而是因为你声音太小或者底气不足,或者外界的环境太嘈杂,所以别人可能根本没听见。只要你换个方式再说一遍,就会引起别人的注意,由此展开话题。

当别人打断你的话时,也要坚持继续把话说完,因为你有这样的权利,而当别人不尊重你时,你也有必要去捍卫自己的这种权利。不要害怕别人因此而不喜欢你,其实这是表示自己有能力说话的证明。因为,人首先要捍卫自己的自尊,才能赢得别人的尊重。

第六,积累知识,让自己底气十足。

有时候,你的羞怯可能并不是由于过分紧张,而是因为你的知识领域过于狭窄,或对当前发生的事情和讨论的话题知道得太少,所以害怕张口被别人取笑或者根本就无话可说。如果是这种情况,那你就要下工夫经常读些课外书籍、报纸杂志,与人多交流,开拓自己的视野,丰富自己的阅历。这将会有力地帮助你树立自信,克服羞怯。

亲爱的女孩要记住,做一个敢开口的人,是学会交往的第一步。如果你想克服自己的羞怯,变成一个善于交往的人,那么请试试以上几点建议,相信会对你有所帮助。不过,女孩要知道,敢开口仅仅代表了你拥有了勇气,但是这远远不能让你在交往中游刃有余。所以,除了敢说,我们还要会说,努力做一个口吐莲花的好女孩。

做一个会说话的女孩

西方有句俗语，意思大致是：世间有一种途径可以帮助人很快完成伟业，并使人获得世人的认可，那就是优秀的口才。对于生活在现代社会中的人们来说，一定要认识到好口才的重要性，努力提升自身的语言表达能力。

美国一个文学教授曾经讲到他自己的一个真实经历：在 6 岁那年，有一个星期六去姨妈家过周末。傍晚时分，来了一个中年男子，他先和姨妈嘻嘻哈哈聊了一阵，然后走近我和我说话。我当时正迷恋上小船，整天抱着小船爱不释手。我以为他只是随便和我聊几句，没想到他对我说的全都是有关小船的事。等他走了以后，我还念念不忘地和姨妈说："先生真了不起，他懂得很多关于小船的事，很少有人会那么喜欢小船。"

姨妈笑着告诉我，那位客人是纽约的一位律师，他对小船根本没有研究。

我不解地问："为什么他说的话都和小船有关呢？"

"那是因为他是一位有礼貌的绅士，他想和你做朋友，他知道你喜欢小船，所以专门挑你喜欢的话题说。"姨妈说。

话说得恰当，就是指能把话说到别人心里。没有人会喜欢一个谈话只讲自己，而不关心别人的需求的人。人们总是喜欢和那些与自己有共同话题、能够迎合自己趣味的人交往。

谁都会说话，但是学会说别人爱听的话，可不是一种容易的事。在生活中，学会说让别人爱听的话是至关重要的，当然也是不容忽视的。成功学家林道安说："一个人不会说话，那是因为他不知道对方需要听什么样的话。假如你能像一个侦察兵一样看透对方的心理活动，你就知道说话的力量有多么巨大了。"

俗话说，三句好话暖人心。与人交谈，说句打动对方的话，也会对自己有利。有一句俗语是："逢人减岁，遇货添钱。"就是说，当你遇到一个人，问他多大年龄时，他说："今年 58 岁了。"你可以说："看先生的面貌，最多不过 40 来

岁吧！"这样的话，对方听了一定喜欢。这就是所谓的"逢人减岁"。

再比如，你看到一个朋友买了一款漂亮的手机，问她花多少钱，她说花了1500百元，你可以说："这款手机真的很漂亮，看样子最少也得值2000块，你真是会选。"这就是所谓的"遇货添钱"。

在日常谈话中，遵循"逢人减岁，遇货添钱"的原则很容易打动人心，只要适时合理地利用，多说好话，一般来说总会有所收获。

有位作家曾说过这样一句话："是人才不一定会说话，但是会说话的必定是人才。"在如今竞争激烈的社会环境中，如果一个人拥有会说话的能力，通常能收到事半功倍的效果，获得意想不到的成功。

有一个代表团乘船参加一个会议，忽然风浪骤起。许多人受不住船的颠簸，开始晕船了。正当大家狼狈不堪、晕晕沉沉之际，一位服务小姐却微微一笑，说出了一句富有诗意的话："你们都被壮丽的海洋陶醉了。"短短一句话，道出了一份体贴和尊重之情，给晕船者带来了温暖的安慰和鼓励。

这就是会说话的力量。拥有好口才往往能轻而易举地打开人与人之间心灵的大门，进入对方的内心世界。好的口才能给人以愉悦感，从而获得他人的尊敬，可以使陌生的人相互产生好感，结下友谊；可以使相互熟识的人情更浓，爱更深；可以使意见出现分歧的人互相理解，消除矛盾；可以使彼此怨恨的人化干戈为玉帛，友好相处。

毫不夸张地说，在现代社会中，会说话可以决定一个人的人生作为。所以亲爱的女孩请记住，会说话是成就你一生财富必不可少的因素。

聪明的女孩知道，善意而沁人心脾的话，能够给人以轻松愉悦的感觉。这种话更容易让人接受和喜欢，说话的人也更容易得到别人的关注和喜爱。所以，亲爱的女孩，你在平时与人交流时，实在是有必要注意自己的说话方式，在说话之前应该好好想想，这句话会让别人喜欢，还是让人心生厌恶。

有这样一个例子。有个班级要到一家商店参加社会实践活动。先派了个女孩去联系，遭到商店的拒绝；又派了个女孩去联系，人家表示欢迎。这是怎么回事？原来，先去的那个女孩说话不礼貌，开口闭口"市里有精神，你们应该接待我们"。后去的那个同学，在经理办公室外面等经理办完了事，才轻轻敲门，得到允许后进到屋里，拿出介绍信，礼貌地说："叔叔，我们有件事想麻烦您和商店里的叔叔阿姨……请您大力支持……谢谢您啦。"一番话说得经理眉开眼笑的,他当然同意了。

亲爱的女孩,你是否有这样的体会:一个人对自己所拥有的感情,大部分是来自别人对自己所抱的感情延伸而来的。如果你听到别人对你说的尽是不礼貌的、刺耳的、甚至是嫌弃你的话,你心里不会好受的,对自己也会丧失信心。文明的、合乎情理和礼仪的话之所以让人爱听,是因为它使听者受到了尊重,感觉到了自己存在的价值,从而也对对方产生了信任感。比如说,你的朋友不小心把新买的手机掉在地上,把机壳摔坏了,她正在着急,你却说:"旧的不去,新的不来。"她听了心里能痛快吗?如果你这样说:"别着急,让我看看……能修好的,等会儿我陪你修理去。"她一定会高兴的。再比如,一个同学买了块电子表,她喜欢得不得了,你却说:"哎呀,样子不好看,这种表走得也不准。"你说她听了心里能舒服吗?

会说话的女孩说出来的话总是能让人高兴地接受,听着心里也舒坦。所以,要想让自己变成口吐莲花的女孩,就要做到不说自己想说的话,而要说别人想听的话。

性子可以直爽，但说话要懂得包装

如果有人问你，你是喜欢直来直去的人，还是喜欢拐弯抹角的人，你的回答一定是喜欢前者。是的，在生活当中，我们都喜欢直爽的朋友，期待彼此直来直去，甚至肝胆相照。但我们往往又会陷入深深的内心矛盾之中——既喜欢彼此无话不谈，又讨厌对方口无遮拦，所以，直率还真得分时候，看场合。

从心理学的角度看，直率是人性中最本质的部分。人们普遍认为我们这个年龄的孩子是单纯的，我们没有受过世俗的污染，处处表现出天然的真实。我们的率直是本性的真实体现，对外界事物的直接感受可以不加工地通过语言表达出来，而这种直接的表达是可以被接受的，这就是所谓"童言无忌"。

不过，话又说回来，直爽直爽，你直接说了，自己就感觉爽，但别忘了，你说得太直白了，别人就不会爽。所以，亲爱的女孩你要知道，不是任何场合、任何时候我们都要直来直去，语言其实也是需要包装的，就比如你说"喂，让开"，就不如说"你好，请让一下好吗"更能体贴人心。

受欢迎的女孩，说话不会太直接，但是，请不要误会，这并不意味着要违背真理，也没有为错误辩护的意思，更不希望你面对错误沉默不语，而是要讲究技巧，不能太直率。

要想把话说得恰到好处，委实不简单。常言道："祸从口出"，直言揭穿别人的过错就是其中一大禁忌。别人违反了真理，有了过错，要么本来就知道，只是故意说错，以便给某个或者某些特定的人听；要么是真的不知道，意识到自己说错了之后又害怕被别人发现。这个时候，你的直言正好把别人揭穿，自然让人觉得面子上挂不住。这样的情况很容易滋生对方的怨恨，以后你就多了一个敌人，一个凡事都从中作梗的人。

可见，直言的最后结果还是对自己不利，所以建议你还是不要直接说的好，尤其是不要当着当事人和众人的面说。

有的人觉得，嘴上不直说，在表情上体现出来总可以吧。这样也不可以。

很多人在遇到自己不满意或者不赞同的情况时，就会情不自禁地表现出来，比如蔑视的眼神、不耐烦的腔调或者不耐烦的手势等。这样和直言的结果没什么两样，都会给彼此带来难堪。

还有的人说，真正大度的人会接受别人的指正和建议。其实，大部分人是不会的。即使表面上接受，但从内心深处来说，他们也是不乐意的，相比之下，他们更喜欢婉转的提醒。因为你的直言否定了他的智慧、能力和判断力，他的自尊心受到了伤害，在别人面前下不了台。如果有机会，他甚至会和你明争暗斗。

因此，在有些时候，多一份尊重，多一份相互的关怀和理解，让语言更加柔和委婉，会让人际关系更加和谐。如果在人际交往中，总想通过高超的技巧来战胜别人、征服别人、压制别人，结果经常是事与愿违，会让身边的人都纷纷离我们而去，不再与我们做朋友。况且，在很多时候，一句或许在自己看起来无关紧要的话却可能在听者的心田划开一道无法愈合的伤口。

一位苹果园园主种植的高原苹果色泽红润，味美可口，供不应求。有一年苹果即将成熟的时候，一场冰雹突然降临，满园光滑如玉的苹果被砸得伤痕累累，最后只得低价卖给了一位经销商。

经销商发现，这些冰雹打击过后满是伤痕的苹果，看起来更像是刻刀雕刻过的工艺品，而且变得酸甜可口、香脆异常。聪明的他马上换了个说法大做广告：亲爱的顾客，今年我们高原苹果终于有了自己特有的标志——高原冰雹吻过的痕迹。这是仁慈的上帝给我们的祝福。正是上帝的关爱，使苹果有了一种独特的香味。请记住，我们的正宗商标是——高原之吻。

结果，这批苹果马上成了名牌产品，很快销售一空。同一种苹果，换了一种说法，马上就成了特别的名牌产品，不能不说是语言的魅力。

俗话说得好："佛要金装，人要衣装"。商品要有新颖的包装才会吸引顾客，女人要有漂亮的衣裳才能更显现出美丽的风姿。而说话也要像商品和衣服一样，需要经过良好的包装才能让人接受和信服。这就是包装的魅力。

有时候，女孩会遇到必须讲的但是又有些难以启齿的话，如果直接说，很可能会引起对方的反感或者让对方产生不快。这时不妨以委婉的方式表达，既不伤害到对方，自己的心理也不会有很重的负担。比如同学吃饭声音

太大,不要当众当时指出,而是在私底下嘻嘻哈哈地说:"吃饭声音太大可不雅噢!"

会说话的女孩在给朋友提意见时,更多提供的是假设。聪明的女孩懂得,与其直接说"这样不好",不如说"如果……是不是更好?"为对方提供一些假设,一些建议,比生硬地提意见更容易让人接受。同样的意思,只是换了不同的说法,结果就截然不同。

再比如说,会说话的人,在传达坏消息时,要附加一句"令人无法相信"。因为传达坏消息,心情总不会是轻松的,所以,这时候更需要一些技巧。有一位教师,他对成绩退步的学生说:"实在难以置信,你考了这样的分数。我觉得这不是你的真实水平。"这样,同学一定会对自己产生更高的期望,会努力在下次考试中取得好的成绩。

总之,亲爱的女孩,直言快语固然能让人感觉爽快,但是委婉说话更能体现出一个人的语言能力。委婉并不意味着太有心机,也不是故意遮遮掩掩绕弯子,而是体现出一个人对交往对象的尊重和体贴,体现出一个人交际的成熟风范。学会包装你的语言,你会更惹人喜欢。

真心诚意，打动人心

真诚是一笔宝贵的财富，拥有这笔财富的女孩将是这个世界上活得最自在的人。在日常生活中，我们说话不是敲击锣鼓，而是敲击人的"心铃"，而敲击人"心铃"的最好方法就是真诚的态度。真诚让我们心与心交融。只有用一颗真诚的心与人交往，才能换来彼此的心灵相通，驱除人为的隔膜，坦诚以待。

亲爱的女孩，你要明白，说话的魅力在于真诚，真诚让人心怀信任，不必总是揣测。人们喜欢真诚的人，因为他们让人感到由衷的安全感。

其实，真诚的重要性很容易体会。有时候我们看电视或者乘坐飞机，主持人和空中小姐的微笑似乎总是那么相似，它们看起来很完美，但过于职业和专业。

无数事实证明，真正打动人心的讲话并不在于说得多么流畅，多么滔滔不绝，而在于是否善于表达真诚。最能推销产品的人并不一定是口若悬河的人，而是善于表达真诚的人。

亲爱的女孩，如果你能够用得体的话语表达出你的真诚，你就赢得了对方的信任，建立起了人与人之间的信赖关系，对方也可能由信赖你的人进而喜欢你说的话，更进而喜欢你做的事情，答应你的要求。

某学院有这样一个实例：有位教授写了一本《思想政治工作方法》的书，出版社让他推销1000册。对他来说，这远比讲课要难得多。为了把书推销出去，他在课堂上搞了一次演讲，他说："……当老师的在这里推销自己写的书，总不免有些尴尬。不过，如今作者也很难，写了书，还得卖书。出版社一下压给我1000册，稿费一分没有，所以我不推销不行。这本书写得怎样，我自己不好评说，不过有两点可以保证：第一，这本书是我用三年的时间完成的，是我心血的结晶；第二，书的内容绝不是东拼西凑抄下来的，而是我自己长期思考的见解。前不久，这本书被思想政治工作研究会评为社科类图书的二等奖，这是获奖证书。说实话，对我们这些教书匠来说，觉得搞推销比写书还难，只能硬着头皮来找大家帮忙。不过，买不买完全自愿，绝不强迫。如果觉

得这本书对你有用,你又有财力就买一本,算是帮我一个忙。谢谢。"他的这次演讲立即产生了效果,一次就卖掉了 300 多册。

这位教授不是专职推销员,但是他却获得了成功。从某种意义上说,他的成功就在于他恰到好处地表达了自己的真诚,赢得了听众的信赖。这再一次说明,在讲话中学会表达真诚要比单纯追求流畅和精彩更重要。

在与人交谈时,应该是真心诚意,忠厚老实,心口如一,不藏奸、不耍滑,不要在人生的舞台上披上盔甲、戴上面具去演戏。做人坦诚,说话真诚,会令人如沐春风。唯有真诚,才能换来别人的真心,才能为自己开创一片天地。

所以,要想做一个会说话的聪明女孩,也首先要想到如何把你的真诚注入讲话之中,懂得怎样把自己的心意传递给对方。只有当听众感受到你的诚意时,才能令彼此之间实现沟通和共鸣。

善用赞美语言，做聪明的"蜂蜜女"

在日常生活中，可以说人人都喜欢被赞美。正如心理学家所认为的那样，每个人都有渴求别人赞扬的心理期望，人一旦被认定其价值时，总是喜不自胜，眉飞色舞。

懂得赞美他人的女孩受欢迎，巧妙赞美他人的女孩最出色。会巧妙赞美他人的女孩不仅谈吐得体，而且声音动听、动作优雅，让人看了既喜欢又佩服。假如你是个容颜美丽的女孩，优雅动人的谈吐可以使你更加迷人；假如你是一个相貌平平的女孩，得体大方的言谈也可以让你倍添光彩，受到别人的欢迎和重视。

既然赞美有这么多的好处，那么，女孩，你为什么不做一个懂得赞美。人见人爱的"蜂蜜女"呢？

况且，除了赞美别人，我们在成长中也会得到别人的赞美，接受这些赞美，相信会对你的成长起到重要的作用。

一天，一位心理学教授的咨询室来了两位客人。一位中年妇女，身后站着一位衣衫凌乱、蓬头垢面的女孩子。中年妇女告诉教授，女孩是她的女儿，她整天都不修边幅，做事情漫不经心，得过且过，虚度光阴。她想知道自己的女儿为什么会这样消极颓废。

教授听完这位母亲的诉说之后，对她说：是否可以跟她的女儿单独谈几句。中年妇女同意了。

教授与那位女孩单独在一起，他发现女孩长得清秀美丽，只是她那糟糕的外表掩盖了她的自然美。教授想起了一句话：是金子在哪里都会发光，是美丽总会绽放的。

于是，教授对女孩说："孩子，你真的是个美丽的女孩，即使你没有打扮自己，也依然非常美丽。"

"您在开玩笑吧！"女孩说话的时候不再像刚进来时那样显得漠不关心，并且，眼睛也明亮了许多。

"孩子,你真的非常漂亮。不过,你自己还没有意识到。"教授的话里带着一丝惋惜。

"教授,谢谢您。您知道吗?在您夸奖我的时候,我觉得好像所有的自卑都没有了,我感到自己找到了一种从没有过的自信。"

"真的吗?这是一种什么感觉呢?"教授鼓励她把这种感觉说出来。

"真的。在我来您这里之前,在我的生活中全部是负面的东西,一切都不尽如人意。母亲骂我,异性同学鄙视我,同性同学讽刺我,我感觉自己整天都生活在自卑的气氛之中。我觉得自己一辈子都抬不起头来,没有希望,没有理想。"

"那么现在,你找到了什么感觉呢?"

"我觉得自己找到了自信,我再也没有自卑感了!"女孩子非常自信地说。

教授发现,眼前这位女孩具有非凡的领悟力,今后一定会有所成就,于是,对她说了许多鼓励的话,并且还给了这个悟性很高的女孩一些非常好的建议。

从此以后,这个女孩不再轻视自己,不再虚度光阴。摆脱了自卑感的纠缠,她好像重新换了一个人,处处表现出前所未有的自信。她开始发愤学习,挖掘自己的潜力,表现得就像一个成功者。结果,她当然是成功了,不仅学业有成,毕业后在工作上也很有成绩。这一切的转变,也只是因为她曾经接受了别人的赞美。

所以,我们每个女孩子既要真诚地赞美别人,也要坦诚地接受别人的赞美。在别人赞美你时,请不要拒绝,也不要觉得难堪或不自在,不要一笑了之,更不要心存怀疑。而把别人的赞美当做一份很美妙的礼物接受下来,并表达出自己的快乐和感激,相信自己的确配得上这样的赞美。要记住,只有能坦诚地接受和给予别人赞美,才能做一个人见人爱的"蜂蜜女"。

磨平言语锋芒，不要做刻薄的女孩

许多人能言善辩，时常在人群中占据上风。为了显示自己的口才有多么了得，她们更乐意尖酸刻薄，习惯带有挑衅意味，似乎这样会显得伶牙俐齿，不好惹、有个性。很多善于辩论的人因为不懂人际关系的维护，目中无人，争强好胜，什么都想比别人高出一截。别人说一句话，她也会从中挑刺，非要让别人同意她的观点，甚至不惜辩论一番决出胜负。卡耐基对此说：你可能赢了辩论，可是你却输了人缘。因为任何讽刺挖苦都是带有攻击性的，即使是友善的嘲弄，有时也会让你失去友情。

其实，交谈和沟通是彼此之间交换信息、想法与感觉的过程，并不是辩论赛，没有必要分出高下。没有人喜欢总是被人驳倒，喜欢被强压在人之下，如果你只是为了逞一时的口舌之快，非要置人于失败之地，恐怕会得不偿失。赢了一场辩论，失去一个朋友，这又何必呢？

所以，为了与他人有更好的沟通，请你克制住自己争强好胜的个性，隐藏住自己咄咄逼人的高超口才技艺，舍弃这种竞赛式的谈话态度，而换用一种随性、不具侵略性的谈话方式。这样，当你在表达意见时，别人就比较容易听进去，就不会产生排斥感。另外，对别人的意见，你也不妨站在他们的立场上考虑是不是也有道理，即使你真的无法表示同意，也要拿出宽容接受的姿态，毕竟这个世界上持不同意见的人有很多，你不同意他，并不代表他就是错的，你只需要了解每个人都有不同的想法就够了。

谦虚谨慎、宽容平和是交往的一大要点，所以，切不可感情用事，没有城府，一冲动就口不择言。有些话可能也算不得错，可是用极端的方式表达，就会惹众人恼怒。

公共汽车上人多，一个年轻女孩不小心踩到了一位老大爷的脚，老大爷脾气不好，张口就说："你说你这么大一个姑娘，欺负我这么大岁数的人干吗？"

小姑娘本来刚开始是想说一句抱歉的，可老大爷的话实在让她反感，愧疚的心理马上无影无踪，她忍着怒气说："踩了就说踩了，我什么时候欺负您了？"

老大爷更不高兴了，说："得得得，现在的年轻人都不学好。我看你那样儿，没家长教育吧？"

这下小姑娘可火了："你这人怎么说话呢？"说完就要往前冲。车里的人左劝右劝，好不容易才让这一老一少消了气儿。

要知道，一点小事，换一种说法完全不是什么大不了的问题，如果说话太冲，不考虑别人的感受，张嘴就来，非要逞一时的口舌之快，就可能激怒别人，让事情变得不好收拾。所以，与人交往不要刻意地做出强势的作风，似乎让所有人都哑口无言才是你的最高目标。嘴上占上风并不代表你有多么了不起，别人不会因为你的"伶牙俐齿"就佩服你，反而会因为你的自以为是、不懂礼貌而讨厌你。

生活中常有这样的人，一旦在人际关系中占了上风，就气势汹汹、咄咄逼人，仗着自己有什么优势就大逞口舌之强，非要把人逼进死胡同他才开心。这样的人，即便再能说会道，也只会招人厌烦。

一位老人去逛花鸟市场，不小心将小贩的两盆花碰倒摔破了。老人连忙道歉，还说愿意把两盆花买下来，可是一掏口袋才发现一分钱都没带。

这下，那个卖花的小贩就不依了，喋喋不休地说两盆花值多少多少钱，其实最多也就值 20 块钱。

老人说："不管多少钱，我赔你就是了，但是我现在没有带钱，你可以叫人跟我回家拿钱。"

小贩不相信，不让他走，一个劲儿地让他再好好摸摸口袋找钱。老人把口袋翻给他看，确实是没有钱，可是小贩就是不相信，还咄咄逼人，说哪有这么大一个人出门不带钱的。

老人没办法解释，只好反复说，我不会骗你的，可是无论他怎么解释，小贩就是不相信。小贩要老人拿出身份证看，可是老人偏偏又没有带身份证，于是小贩就仍然不放他走。这时围观的人越来越多，老人没有受过这种委屈，感觉很没面子，着急上火，结果一下子心脏病突发，不治而亡。

其实不过是一个小小的意外，何必太计较呢？上面案例中的小贩，为了20块钱的花盆，居然葬送了一个老人的性命，实在是不应该的。想想看，生活中为这种小事斤斤计较、得寸进尺的人还真不少。其实，很多事情根本没有必要非要分出个高下优劣，尤其当这个结果还可能挫败别人的自尊心时，那就更不要去争辩。要明白，你尊重别人，别人就会尊重你；你要存心让别人难堪，别人心里也一定不服气，这也注定会为你以后的人际交往埋下隐患。所以，有时候对自己的观点要有所保留，对别人的观点也要理解和认同，这样人际关系才能和谐。

亲爱的女孩要懂得，伶牙俐齿尽可以用到辩论会上，但是生活不是辩论会。一个拥有好口才的人明白一个人不能永远坐在辩论席上，不同的场合要说不同的话，必要时还要懂得沉默是金的道理。有张有弛，有理有节，恰到好处，有一颗体谅之心，这才算是真正的好口才。

女孩，想说别人坏话时请闭上嘴巴

生活中，有的人总喜欢说别人的坏话。从形式和内容上来讲，从含有轻微恶意的传闻程度的坏话到当着本人的面，指着别人鼻子谩骂的坏话，坏话可以说是应有尽有。

从心理学的角度来看，说别人坏话显然是一种攻击行为。尽管一说起攻击行为，人们马上会想到暴力等肢体上的攻击行为，但实际上，运用语言中的"说坏话"也是非常明显的一种攻击。比起暴力，人们更倾向于频繁地使用"说坏话"这种语言性的攻击武器。

可以说，任何一种动物，为了自我防卫或者为了同种之间的竞争和争斗，都具有攻击的本能。在这一点上，人类也具有这种本能和欲望。但是，在现实生活中，用暴力来攻击对手，是违反社会准则的，是不被允许的。

在我们的社会，你公开地说别人的坏话，只要不触犯法律，别人也无法处罚你，但对一个有良好教养的人来说，这是不道德的行为。所以，亲爱的女孩请注意，当你想说别人坏话的时候，要提醒自己闭上嘴巴。

圣菲利普是 16 世纪深受人们爱戴的罗马牧师，富人和穷人追随着他，贵族和平民也都喜欢他，这一切都是因为他的善解人意。

有一次，一位年轻的女孩来到圣菲利普面前倾诉自己的苦恼。圣菲利普明白了女孩的缺点，其实她的心地倒不坏，只是她常常说三道四，喜欢说些无聊的坏话。这些坏话传出去后，就会给别人造成许多伤害。

圣菲利普说："你不应该谈论他人的缺点，我知道你也为此苦恼，现在我命令你要为此赎罪。你到市场上买一只母鸡，走出城镇后，沿路拔下鸡毛并四处散布。你要一刻不停地拔，直到拔完为止。你做完之后就回到这里告诉我。"

女孩觉得这是非常奇怪的赎罪方式，但为了消除自己的烦恼，她没有任何异议。她买了鸡，走出城镇，并遵照吩咐拔下鸡毛。然后她回去找圣菲利普，告诉他自己已经按照他说的做了一切。

圣菲利普说："你已经完成了赎罪的第一部分，现在要进行第二部分。你必须回到你来的路上,捡起所有的鸡毛。"

女孩为难地说:"这怎么可能呢?风已经把它们吹得到处都是了。也许我可以捡回一些,但是我不可能捡回所有的鸡毛。"

"没错,我的孩子。那些你脱口而出的愚蠢话语不也是如此吗?你不也常常从口中吐出一些愚蠢的谣言吗?你有可能跟在它们后面,在你想收回的时候就收回吗?"

女孩说:"不能,神父。"

"那么,当你想说些别人的坏话时,请闭上你的嘴,不要让这些邪恶的羽毛散落路旁。"

因此说,在生活中,如何说话,尤其是如何谈论别人,是需要我们慎重考虑的。

很多时候,我们会当着一个人说另外一个人的坏话,也许我们可以从传播坏话中获得短暂的快感,但是这种快感给别人带来的精神伤害却是长期的,也可能从此破坏你和他人之间的关系,实在是得不偿失。而且,假如你说过别人的闲话,同样的事情也就有可能发生在你身上,到时候可不要太惊讶。同样,如果你曾经对别人很友善,别人也会对你很好。

如果一个人喜欢在背后说别人坏话,就说明她平时的心态是消极的,对立的,易怒的。这样的人一般都会表现得自卑,缺乏自信,没有安全感。需要靠否定别人来寻求自我安慰,她会不断地寻找别人的缺点和失败以证明自己比别人强。在面对失败和挫折的时候,她会倾向于把责任推到别人的头上。

以前看到这样一个故事:有个投资人打算给一个小公司投资 1000 万美金。当他跟这个公司的 CEO 聊天的时候,却意外地发现这个 CEO 抱怨手下员工的能力很差,公司副总心胸狭窄。于是,这个投资人立刻告诉他说:我觉得投资你们公司的风险实在是太大了,你找别人融资吧,再见!

这位投资人一直坚持的一个做人原则是:永远不要在背后说别人的坏话。所以,CEO 的这一个小缺点让自己丧失了千万美金。

亲爱的女孩,你有说别人坏话的坏习惯吗?如果有,请及时改正。

积累实践，练就伶牙俐齿

有位美国政界要人曾说过，个性和口才的能力比起外语知识和哈佛大学的文凭更为重要。的确，口才很重要。但你也许会说："我知道口才很重要，但是我先天笨嘴拙舌，见人就脸红，实在没办法。"其实，没有人天生就是演讲家，天生就会口若悬河。口才不会与生俱来，也不会从天而降，就像庄稼需要施肥、道路需要整修一样，口才也需要培养。

我们所说的培养，并不仅仅是说要张嘴说话，进行语言训练，更重要的是指"肚里有货，言之有物"。一切美丽的花朵，都植根于沃土之中，离开了泥土，它也就失去了养分，会干枯凋零。口才就犹如盛开的鲜花，离开了人的思想、知识、能力、毅力等因素，也就成了一朵空中的花，一朵永远不会盛开的花。

深邃的思想、渊博的知识以及一定的记忆能力、较强的应变能力、持之以恒的毅力，这些都是我们培育"口才之花"的"养料"，离开了这些，练口才只能是一句空话。古代希腊著名演说家德莫斯梯尼从小口吃，但立志演说。为了矫正口吃，使口齿清晰，他将小石子含在嘴里不断地练说。经过12年的刻苦磨炼，终于走上了成功之路。

美国总统林肯出身于农民家庭，当过雇工、石匠、店员、舵手、伐木工等，社会地位卑微，但从不放松口才训练。17岁时，他常徒步30多英里到镇上，听法院里的律师的慷慨辩护，听传教士高亢悠扬的布道，听政界人士激动人心的演说，回来后就找一个没人的地方精心模仿演练，终于让口才得到了不断的进步，后来他成功连任两届总统，也成了著名的演说家。

英国戏剧大师萧伯纳的口才是有口皆碑的。但是，他年轻时却胆小而木讷，连拜访朋友都不敢敲门，常常"在门口徘徊20分钟"。后来他鼓起勇气参加了一个"辩论学会"。在这个学会里，他不放过任何一个机会同对手争辩，练胆量，练机智，练语言，千锤百炼，终成口才家。有人问他是怎么练口才的，他说："我是以自己学溜冰的办法来做的——我固执地、一味地让自己出丑，一直到我习以为常。"

日本前首相田中角荣，少年时曾患有口吃病，但他不被困难所吓倒。为了克服口吃的毛病，练习口才，他常常朗诵、慢读课文。为了准确发音，他对着镜子纠正嘴唇和舌根的部位，严肃认真，一丝不苟。

看看上面那些名人的故事，我们想说的是，积累知识、不断实践，口才就会一步步得到提高。亲爱的女孩，你一定会坚信，自己也一定能有一副好口才。你想，连那些口吃、木讷的人都可以成为演说家，为什么我们这些表达能力比他们强的人却不能呢？世上无难事，只怕有心人。这些名人与伟人为我们训练口才树立了光辉的榜样，我们要是也想练就一副过硬的口才，就必须像他们那样，一丝不苟，刻苦训练。很多事看上去似乎很难，其实只要你有毅力去做，去练习，它就会被你成功攻克。下面就是一些建议，希望能对你有所帮助。

第一，积累知识。不可否认，遗传、性格等因素在口才中起一定的作用，但是口才是以学识为基础的，否则就是鹦鹉学舌，满口废话，算不得真正的口才。因此说，天赋的作用是有限的，真正起决定作用的还是要不断地进行练习。别小看了演讲时的几分钟，论辩时的几句话，就这几分钟、这几句话，需要我们有丰厚的知识积累。

要想积累知识，就要做个有心人。不妨准备一个小本子，把每天从报纸、杂志、课文甚至网络中看到的观点、方法，好的词、句子都记录下来，有时间就拿出来看看，天长日久，就能形成自己的思想，有了自己的见解，也有了自己的词汇库，说起话来也就头头是道，也不会觉得没话可说了，甚至常常能妙语惊人，这就是积累的结果。

第二，进行速读。快速的朗读可以锻炼人口齿伶俐，语音准确，吐字清晰。

第三，背诵短文。我们都背诵过诗歌、散文、小说片段等等。小时候是老师要求我们背诵，现在则是为了锻炼我们的口才。这样做，一是为了培养记忆能力，二是培养口头表达能力。

记忆是练口才必不可少的一种素质。没有好的记忆力，要想培养出口才是不可能的。只有大脑中充分地积累了知识，你才可能张口即出，滔滔不绝。

如果你的大脑中是一片空白,那么你再伶牙俐齿,也是无济于事的。记忆与口才一样,它并不是一种天赋的才能,后天的锻炼对它同样起着至关重要的作用,而背诵正是对这种能力的培养。

第四,讲故事。听故事容易讲故事难。听别人讲故事绘声绘色,很吸引人,可是自己一讲起来,就不是那么回事了,干干巴巴,毫无吸引力。因此,讲故事也是一种才能,并不是人人都可以把故事讲好的。因此说,学习讲故事是练口才的一种好方法,选择一些自己喜欢的故事,把它从头到尾给自己讲一遍,一次次地练习,看看自己是不是能把它讲得生动、连贯。多次练习之后,讲故事的能力就会大大提高。

总之,要练就一副悬河之口,非下一番苦工夫不可。"宝剑锋自磨砺出,梅花香自苦寒来。"锻炼口才不是一天两天的工夫,必须持之以恒,长期地锻炼下去。通过学习和思考,通过不断地实践和锻炼,你一定也会拥有超级的口才。

第六章
用你的优势解决问题

ZHE
YANGZUO **NVHAI**
ZUIYOUXIU

较之男孩，女孩有着自己独特的优势。可以说，每个女孩都有自己独特的优势：她们或认真，或勤奋，或关注，或心灵手巧，不一而足。不可否认，在女孩身上，一直以来就隐藏着那些与生俱来的优势。亲爱的女孩，你要做的只是去发现，去发掘，让自己的天性在后天的磨炼中发挥出更为巨大的潜能。

认真是女孩的制胜法宝

一位伟人曾说过:"世界上怕就怕'认真'二字"。所谓认真,就是实事求是,严肃对待,丁是丁、卯是卯,决不马虎。

认真,是一种强大的力量,一种决定性的力量,也是一种可怕的力量。

也许是因为"认真"二字我们听过太多次,反而忽略了它的价值和重要性,有些人甚至厌烦与"认真"有关的所有"说教",有些人总梦想着找到一条不劳而获的捷径。然而,从古至今,世界上没有一个人是靠马虎和敷衍就能成功的。

生活本身既丰富多彩又纷繁复杂,处理生活中的每一件大事,都应该有这种认真的作风,一丝不苟反复推敲,这样成功率就会高一些,成就也会多一点。反之,因粗心疏忽铸成的大错实在是太多了,让人扼腕叹息。

巴西海顺远洋运输公司"环大西洋"号海轮是条性能先进的船,但在一次海难中沉没了,21名船员全部遇难。当救援船到达出事地点时,望着平静的大海,救援人员谁也想不明白,在这个海况极好的地方到底发生了什么。这时有人发现救生台下面绑着一个密封的瓶子,里面有一张纸条,上面留有21种笔迹,记载着从水手、大副、二副、管轮、电工、厨师、医生到船长的留言:有的是私自买了一个台灯用来照明,有的是发现消防探头被拆掉没有及时更换,有的是发现救生阀施放器有问题把救生阀绑了起来,有的是例行检查不到位,有的是值班时跑进了餐厅……

最后是船长麦凯姆写的话:"发现火灾时,一切都糟糕透了,我们没有办法控制火情,而且火越来越大,直到整条船上都是火。我们每个人都犯了一点点错误,最终酿成了船毁人亡的大错。"

1967年8月23日,"联盟一号"飞船返航时由于无法排除故障,不能减速,在着陆基地坠毁,宇航英雄科马洛夫遇难。"联盟一号"当时发生的一切,就是因为地面检查时忽略了一个小数点。一个小数点酿成了一场大悲剧,可见保持认真的态度是多么重要。

我们每个人都渴望成功，但是只有愿望是不够的，还要努力去行动，在行动中采用什么样的习惯、什么样的态度会导致人生的过程和结果千差万别，这就是所谓"细节决定成败"的解释吧。

如果我们每个人都能在人生的旅途中，做到认真地走好每一步，过好每一天，做好每一件事情，美好的生活自然就在眼前。但是在现实中，很多人缺少这种认真的态度，抱着远大的理想，却马马虎虎地在做眼前的事情，眼前的工作，导致工作效率低下，工作能力提升很慢，工作结果自然也不理想。再去看自己的远大理想和现实的差距，自然会觉得有些心灰意冷，把成败归结于是否走运。

拥有认真的态度成就成功的例子比比皆是，例如德国从废墟上建立起来的成功典范就是，德国法律规定，娱乐钓鱼时，鱼的尺寸不得小于某一标准。而且，德国人在钓鱼时，居然会带上尺子，用尺子来量钓上的鱼的长度，小于标准的，就扔回鱼塘。

亲爱的女孩，你正处于读书的阶段，看看周围，那些学习成绩好的同学是不是都很认真呢？其实，人的智力差别不大，出现差别的主要原因就是是否拥有认真的态度。

亲爱的女孩，对于是否拥有认真的态度，你可以自己检查一下，如果发现自己在生活学习中经常犯一些不起眼的小错误，比如经常丢三拉四，经常忘了带齐东西，经常不能按时完成作业，经常不能一次把事情做好，经常要反复做几次……这些现象的存在都可以证明自己缺乏认真的态度，每一步都不能做到位做准确，总是做得似是而非，最后就必然影响了结果，影响了自己的能力发挥。

亲爱的女孩要记住，拥有认真的态度其实很简单，每个人都能做到，无需做什么大事，只要把眼前的小事认真地做好，认真地检查，从别人的反馈中不断地鼓励自己，就能逐步看到自己的成长。

情感智慧助你成功

亲爱的女孩，有时你可能觉得自己是世界上最聪明的人，却从来没想到，其实对于为人处世来说，有着过人的智商并不一定就能成功，而情商才是决定一个人成功与否的关键因素。据美国一项权威调查显示，近 20 年来，该国政界和商界成功人士的平均智商仅在中等，而情商却很高。社会心理学家也发现，一个人能否取得成功，智商只起到 20% 的作用，剩下的 80% 则来自情商。

一个情商高的人做事不需要外在的动力，求学做事，均靠自动自发，这样，即使其智商不比别人高，但成绩却可以比别人好。有的心理学家还认为，情商是人最为重要的生存能力之一。

在现实生活中，情商高的人不仅更容易成功，在陷于困境中时也能自救。贝多芬在双耳失聪的情况下，"扼住了命运的喉咙"，创作了著名的《命运》交响曲；曹雪芹在家破人亡后，著成《红楼梦》。在种种磨难面前，他们没有低头，反而迎难而上，走出了生活的泥沼。

有一个男孩，出生在美国新泽西州一个贫穷的外来移民家庭。从小腼腆内向，每次考试他都是倒数。老师不想让他回答问题，因为他总是羞涩地说不知道。伙伴们嘲笑他，说他是失败的难兄难弟。他加班加点苦读，可是收效甚微。

一次，他看到一个老人为了一张被老鼠咬坏的一美元钞票而痛哭不已。于是悄悄回家，将自己平时积攒的硬币换成一美元的钞票，交给了老人，说这是他用魔法变回来的。

父亲知道这件事后，认为孩子还没有笨到不可救药的地步。他告诉儿子，成功对我们来说，好比是一个固定的车站，当我们在为怎么到达而绞尽脑汁并争夺汽车上的座位时，有没有想到，能不能骑马或者乘轮船去车站呢？

于是，他决定学习魔术。因为，他看到很多人因为理想不能实现而郁郁寡欢，他希望用魔法帮助他们减轻精神上的痛苦。可以说，是与人为善的力量帮助他克服了心中的怯懦,让他能勇敢地为实现梦想而奋斗。

他就是大名鼎鼎的魔术师大卫·科波菲尔,永远令人匪夷所思的、情商高于智商的成功人士。

长期以来,人们习惯于将智商作为衡量人才的标准,而现代研究表明,人才成功的决定因素不仅仅是智商,还有情商。在管理领域里成功的那些人中,有相当一部分是在学校里被认为智商并不太高的人。

我们经常看到这样的人,他受过高等教育,自身的智商使他具有非常丰富的知识,使他能顺利地到一个单位就职或者从事一项研究工作。如果他情商高,情绪稳定,适应环境的能力强,对外界和上司、同事没有过分苛求,对自己有适当的评价,不因外界的影响而"热胀冷缩",在受到挫败时能"重整旗鼓",并能不断提高自身心理素质,从不怨天尤人或悲观失望。这样,他的智商和潜能就能得到充分的发挥,在工作中游刃有余,顺利地走向成功。

反之,一个人智商虽高,却以此自负,情商低下,经常为自己周围并不理想的环境所困扰,那他的结局或是愤世嫉俗、孤芳自赏,与社会、公司、同事融不到一起;或高不成低不就,一辈子碌碌无为;或是走上邪门歪道,毁于高智力犯罪。由此可见,一个人成功与否,情商也有着关键的作用。

所以说,情商是比智商更有魅力的东西,然而,如今很多人对情商的认识还不够全面,或者说还存在一些误区。比如有的人认为情商就是"指人际交往的能力,情商高的人公关能力强。"有的人认为"情商是虚的东西,在实际生活中根本无法操作。"那么,让我们来具体看一看女人高情商所体现的方面。

有人总结出了决定女孩一生幸福的四个因素,即爱情、婚姻、职业和处世中的智慧,而这几个方面恰恰都是情商在起着非常关键的作用。通常来说,情商对于女孩的意义比智商更为重大。

女孩,如果你想让自己的人生更加完美,是否拥有高情商就变得尤为重要了。对于我们今天这个时代来说更显难得,因为要适应社会发展的需要,要不断提升自我,都需要情商的帮忙。让我们行动起来,从平日的点滴中汲取智慧和灵感,成就不凡的人生吧。如果你能够潜心修炼,不断提高自己的情商,那么你就将很快脱颖而出,成为佼佼者。

关注礼仪，发挥你的交往优势

现在很多人总是以自我为中心，不懂得如何与他人和谐地相处，或是在人际交往中错误地认为"自己不求于他人，不需要与他人融洽相处"而不擅长与人打交道。也有些人总是认为朋友疏远自己，感受不到他人对自己的关心、支持等等。这其实都是因为年轻人不懂礼仪在人际交往中的重要性，不懂得如何处世造成的。与之相比，那些"会来事"、会"随声附和"的人似乎更招人喜欢，也更能获得成功的机会。

因为，我们生活在一个复杂的社会关系网中，每个人都必须与外界交流，拓展自己的人际关系，提升自己的人脉竞争力，才能立足于这个社会。所以，一个人如果不想处处碰壁，就必须掌握一些交际礼仪等沟通技巧。要想在这个社会上立足，不仅要会做事，更要会做人。

"喂，你给我找一下老张！"一个年轻人有急事找他的客户老张。拨通电话后，他高声地对着电话喊道。那天接电话的秘书小王正好挨了老板的批评，心情不好。她接起电话，听到对方命令式的口吻后，心中很不舒服。她知道老张正在隔壁的办公室开会，会议大概半小时后结束。

要是平常，小王接到这种找人的电话，一般都会问清楚对方是谁，找谁，有什么事情，是否需要自己转达等，但这个电话让她听起来很不舒服，于是，她也冲着电话那头大声说："他不在！"随即挂掉了电话。

这个年轻人找不到想找的人，也不知道什么时候打电话才能找到，急得像热锅上的蚂蚁。他不知道造成这一结果的原因就是，他在电话中太不会"说话"。

找人办事的人，不谦虚礼貌，却表现得比谁都横，对方当然不愿意帮助他。这个年轻人太不"懂事"，所以也很难"成事"。

亲爱的女孩，现在我们的人际关系主要是在家和学校。在家里，处理的是自己与父母间的关系，而这种关系又因为父母对自己的宠爱而变得简单；在学校的时候，处理的也是与同学、老师间的关系，同样单纯、直接。然而，当你一旦走入社会后,要应对的关系就不再那么单纯了,既要处理好与家庭、长辈间的关系,朋友间的关系,更要处理好与同事、领导的关系,与客户以及所有发生联系的人的关系等等。而这其中的错综复杂,牵扯了很多说不清、道不明的利益冲突。

如何与人相处,是你进入社会必须要学习的课程。因为在这个复杂的社会关系网中,每个人都必须与外界交流,拓展自己的人际关系,提升自己的人脉竞争力,这样才能得到他人的认可和接纳,才能立足于这个社会。世界顶级激励大师安东尼·罗宾说:"一个人事业上的成功,只有15%是由于他的专业技术,另外的85%主要靠人脉关系与处世技巧。"

一个人不管有多聪明,多能干,背景条件有多好,如果不懂得如何做人、做事,那么他最终的结局肯定是失败。很多人之所以一辈子都碌碌无为,是因为他活了一辈子都没有弄明白该怎样去做人做事。比如,有一些自认为有才的人,在学校的时候常得到老师和同学的表扬,可是走入社会后才发现,在学校里掌握的那一套非但用不上,反而屡屡碰壁;还有一些人以率真秉直自喻,抱着一种"干自己的活,让他人说去吧"的心态,他们工作努力,却不注意与人处好关系,更不愿意迎合领导和客户,这样,自然也无法与周围的人建立融洽的关系。很快,他们就发现自己做起事情来阻力重重,于是,又会感叹社会复杂,人心叵测。

其实,我们生活在一个现实的社会。一些人和事,当你无法改变的时候,就需要改变自己,努力让自己适应这个社会。如果不想处处碰壁,就必须掌握一些交际礼仪等沟通技巧,学会灵活地处世。亲爱的女孩,多懂得一些礼仪,发挥你的交往优势。女孩,以下是要懂的一些礼仪规范:

当父母在家宴请客人时,你作为小主人,应该帮爸爸妈妈热情地招待客人。你可以帮忙做简单的事情,例如擦茶几、洗水果、斟茶、端水果给客人、择菜……如果客人也带着孩子来,那么你就要招待好小客人,做到跟大家和睦相处。

当你去别人家做客时,要带点礼物,尤其是逢年过节的时候。如果家里有礼物,可以自己挑选收拾礼物;如果到商场购买,选择礼物要尊重客人的爱好,不能只按照自己的口味专买自己喜欢的东西,要考虑到别人的

爱好……

　　总之，在日常生活中，有很多交际礼仪值得我们去学习和注意，同样，掌握这些交际礼仪，就会为我们的交往能力加分。

专注地思考，不受外界的干扰

这是一个大家都很熟悉的故事：

有两个学生拜奕秋为师学习下棋。其中一个学生每次听课都全神贯注，一心一意地听奕秋讲解棋道；而另一个学生虽然很聪明，但上课时总是心不在焉，而且他今天想学下棋，明天又想学画画，不时地有新想法冒出来。一次上课时，有一群天鹅从他们头上飞过，那个专心的学生连头都没有抬一下，浑然不觉。而心不在焉的学生虽然看着也像是在那里听，但心里却想着拿了箭去射天鹅，而且想着有一天要做一名出色的弓箭手。若干年后，那位专心致志的学生成了一名出色的棋手，而另一位却一事无成。

在一般情况下，人对生活的迷失都是因为所要或所想的太多，而又一时达不到目标造成的。这种想法使很多人不能将精力专注于一项事业，他们总是目标多多，反而错过了许多近在眼前的景色，丢掉了一些可以马上把握的机会。无论做什么，都无法专注，总是做着这件事，又想着那件事，结果什么都做不好。

可以说，专注是一个人能否有所成就的一个重要条件，因为人的精力是有限的，如果在做一件事的时候，被其他的事情干扰，不能集中精力，那么就可能会出现很多意想不到的错误，久而久之就会离自己的目标越来越远。

而成功的人永远都专心致志，因为在他们所从事的事业之中，饱含着他们一贯的兴趣。因为他们所追求的，正是一直以来的梦想。正是因为专注，他们才得以发挥自己的最大潜力；正是因为专注，他们才可以排除外界的一切干扰；正是因为专注，他们便拥有了克服一切困难的力量。

有一个修女，生活并不富裕，但她一生中却收养过几千名孤儿，这在别人眼里，完全是不可思议的事情。几千个人，光是穿衣吃饭就需要天文数字的巨额资产，而这位不那么富裕的修女却做到了。当她的事迹渐渐为人们知晓了之后，有人曾经问她是如何做到收养过几千个孤儿的时候，她是这样回答的："如果同时收养几千人，不仅救不了他们，反而会让他们和自己一起陷

入困境,我的办法是一次只收养一个。"

人的精力都是有限的。我们每天忙忙碌碌,不停地为自己的事业奔波,甚者连个喘气的机会都没有,但获得的收获反而比不上那些看似悠闲的人所取得的成就。读完上面的故事,相信大家已经很清楚,区别就在于,那些取得成功的人一般都是专注于一件事情,而我们却往往贪多,同时奔波于许多件事情。

所以说,不管做任何事情,只要专心去学、去做,没有克服不了的难关。相反,如果不肯用心,三心二意,那么即便是花再多的时间,也不会有什么成就。而且,专心的态度会让我们做起事情来井井有条。

如果问世界上最紧张的地方是哪里,答案可能要数纽约中央车站问询处了。每一天,那里都是人潮汹涌,匆匆的旅客都争着询问自己的问题,都希望能够立即得到答案。对于问询处的服务人员来说,工作的紧张与压力可想而知。可柜台后面的那位服务人员看起来一点也不紧张。他身材瘦小,戴着眼镜,一副文弱的样子,显得那么轻松自如、镇定自若。

在他面前的旅客,是一个矮胖的妇人,头上扎着一条丝巾,已被汗水湿透,她的话语里充满了焦虑与不安。问询处的先生倾斜着上半身,以便能倾听她的声音。"是的,您要问什么?"他把头抬高,集中精神,透过他的厚镜片看着这位妇人:"你要去哪里?"

这时,有位穿着入时,一手提着皮箱,头上戴着昂贵的帽子的男子,试图插话进来。但是,这位服务人员却旁若无人,只是继续和这位妇人说话:"你要去哪里?"

"春田。"

"是俄亥俄州的春田吗?"

"不,是马萨诸塞州的春田。"

工作人员马上就说:"那班车是在 10 分钟之内,在第 15 号月台出车。你不用跑,时间还多得很。"

"你是说 15 号月台吗?"

"是的,太太。"

女人转身离开,这位先生立即将注意力转移到下一位客人——戴着帽子的那位身上。但是，没过多久，那位太太又回头来问月台号码。"你刚才说是 15 号月台？"这一次，这位服务人员集中精神在下一位旅客身上，不再管这位头上扎丝巾的太太了。

有人请教那位服务人员："能否告诉我，你是如何做到保持冷静的呢？"

那个人这样回答："我并没有和公众打交道，我只是单纯地处理一位旅客。忙完一位，才换下一位。在一整天之中，我一次只服务一位旅客。"

"在一整天里，一次只为一位旅客服务。"这话堪称至理。"一次只做一件事"，这可以使我们静下神来，心无旁骛，一心一意，把那件事做完做好。倘若我们好高骛远，见异思迁，什么都想要，最终只能是猴子掰玉米，掰一个，丢一个，到头来两手空空，一无所获。

我们不难发现大凡成功人士，都能专注于一个目标。林肯专心致力于解放黑人奴隶，并因此使自己成为美国最伟大的总统。伊斯特曼致力于生产柯达相机，这为他赚进了数不清的金钱，也为全球数百万人带来了不可言喻的乐趣。

女孩们，不妨每天都花一点点时间问一下自己的内心：你真正想要的是什么？什么才是你人生中最主要的？慢慢地，你会发现，那些遥远的不切实际的东西都是你行动的累赘，而那些离你最近的事物才是你的快乐所在。所有，聪明的你要把精力集中在最能让你快乐的事情上，别再胡思乱想，偏离正确的人生轨道。

女孩要记住，只要我们一次只专心地做一件事，全身心地投入并积极地希望它成功，我们就不会感到精疲力竭。不要让我们的思维转到别的事情、别的需要或别的想法上去，而专心于我们正在做着的事。选择最重要的事先做，把其他的事放在一边。做得少一点，做得好一点，我们就会得到更多的收获。

勤奋多一点，成功快一步

古罗马人有两座圣殿：一座是勤奋的圣殿；另一座是荣誉的圣殿。它们在位置安排上有一个秩序，就是人们必须经过前者，才能达到后者。其寓意是，勤奋是通往荣誉的必经之路。

我国著名新闻记者邹韬奋，每天给自己规定必须有四页纸的练笔活动，并且坚持不懈，直到逝世。他的文章写得又快又好，正是得益于他的勤奋。大文豪鲁迅先生，一生写了大量的小说、杂文，并且坚持每天写日记，他说自己是"把喝咖啡的时间都用在写作上了。"世界最高产的法国作家巴尔扎克，生前每天坚持创作 12 个小时。他的如此勤奋，奠定了其世界文学大师的地位。

有一次，一家中国报社的记者采访诺贝尔奖得主丁肇中教授。

记者问："美国大学要读四年，研究生院要读五到六年的时间，才能取得博士学位，据说您总共只用了五年左右的时间，是吗？"

丁肇中答："确实是这样。在那样困难的环境中读书，就得用功。"

记者又问："您取得成功的秘诀是什么？"

丁肇中说："成功的秘诀只有三个字：勤、智、趣。"

这里的"勤"指的就是勤奋。丁肇中认为，获得成功的第一个秘诀就是勤奋。中学时代的丁肇中就是一个以勤奋学习而出名的学生。读大学后，无论是在哪里，他都是以勤奋而闻名。

从丁肇中先生的例子中我们可以发现，勤奋意味着努力行动，意味着事业成功，即使结不出成功的果实，但这勤奋的奋斗过程，也无不具有特殊的历史性的意义。

世界上到处是一些看来就要成功的人——在很多人的眼里，他们能够并且应该成为这样或那样非凡的人物——但是，他们并没有成为真正的英雄，原因何在呢？

原因就在于，他们没有付出与成功相对应的代价。他们希望到达辉煌的巅峰，但不希望越过那些艰难的梯级；他们渴望赢得胜利，但不希望参加战斗;他们希望一切都一帆风顺,但不愿意遭遇任何阻力。

有人问寺院里的一位大师:"为什么念佛要敲木鱼?"

大师说:"名为敲鱼,实则敲人。"

"为什么不敲其他的,偏偏敲鱼呢?"

大师笑着说:"鱼儿是世间最勤快的动物,整天睁着眼,四处游动。这么至勤的鱼儿尚且要时时敲打,何况懒惰的人呢?"

故事虽然浅显,道理却深刻。

应该说,勤奋不是人类与生俱来的天性,相反,追求安逸倒是人类潜意识中共有的欲望。但无论任何人,只要长期不懈地努力,就能养成勤奋的习惯。

在西方,勤奋被称为"使成功降临到每个人身上的信使"。居里夫人如是说:"荣誉只是一个人努力成果的记录,奖章就像玩具一样,玩玩就是了,把它像神具一样奉守着,反而一事无成。"

梅兰芳年轻的时候去拜师学戏,师傅说他生着一双死鱼眼睛,灰暗、呆滞,根本不是学戏的材料,拒不收留。天资的欠缺没有使他灰心,反而促使他更加勤奋。他喂鸽子,每天仰望天空,双眼紧跟着飞翔的鸽子,穷追不舍;他养金鱼,每天俯视水底,双眼紧跟着遨游的金鱼,寻踪觅影。后来,梅兰芳的眼睛变得如一汪清澈的秋水,熠熠生辉,脉脉含情,终于成了著名的京剧大师。

所以说,成功来自勤奋,成功在于勤奋,智慧不是自然的恩赐,而是勤奋的结果,只有把握住勤奋的钥匙,才能打开知识宝库的大门。

达尔文在评价自己的时候说:"……所完成的任何科学工作都是通过长期的思考、忍耐和勤奋得来的。"老一辈革命家陈毅有这样的诗句:"应知学问难,在乎点滴勤。"这都说明了勤奋对于成功的重要作用。

亲爱的女孩,十几岁的你极容易虚度自己的青春。时光如白驹过隙,青春就那么几年,很容易就混过去了。哈佛图书馆有条训诫:"此刻打盹,你将做梦;而此刻学习,你将圆梦。"读到这条训诫,我们不禁深深为其幽默中包含的哲理所折服。很浅显的道理,却也是最容易被忽视的问题。其实,古今中外不止这一条训诫,但每一条都旨在告诫我们要勤奋,这才是走向成功之道。

台湾有一个著名的企业家陈茂榜,他的讲演经常折服所有的听众。尤其是他计数字的本事超人一等,举凡中国和世界各国的面积、人口、国民所得贸易额等,他都如数家珍。

事实上,陈茂榜的学历只有小学毕业,但他却荣获了美国圣诺望大学颁发的名誉商学博士学位。

一个只有小学文化学历的人,能够荣获名誉博士学位,主要凭持他的实力,这个实力就是一辈子坚持每天晚上不间断的自修。

陈茂榜15岁辍学到一家书店当店员,他每天从早到晚工作12个小时。但是下班以后,读书就成了他的享受,书店变成了他的书房,或坐或卧,任他遨游。

日子一久,他养成了每晚至少读两小时书的习惯。他在书店工作了8年,也读了8年书。陈茂榜说:"学历固然有用,但更有用的是真才实学。"

一个人的命运,决定于晚上8点到10点之间。在知识经济年代,能否占有比他人富裕的智力资本,关键在于个人是否勤奋。看来,伟大的成功和辛勤的劳动是成正比的,有一分劳动就有一分收获,日积月累,从少到多,奇迹就可以创造出来。可以说,大多数成功者的背后,都有一部血汗史。因为不努力不行,天上不会掉馅饼。没有付出,便没有收获可言。世上收获最多的人,往往是付出最多的人。

我们常说,天才就是百分之九十九的汗水加百分之一的灵感。人生所走出的每一步,都来源于自身的勤奋和努力。无论是学富五车的知识积累,还是事业宏图的志向实现,勤奋和努力都是唯一的真谛。正所谓"业精于勤而荒于嬉",如果你想让自己的未来一片光明,那就从现在开始奋斗吧。

让想象力给你插上飞翔的翅膀

赫尔岑说过:想象力比知识更重要。因为想象力是一种天赋,是人的生命中固有的,是一种生命潜能的冲动,需要我们用美妙的故事唤醒它,用动听的音乐滋润它,用快乐的游戏养护它,让它在心灵深处建造自己的家园,增强它的原始的言语生命意识。一个人的想象力能超越经验、超越自然、再造自然,能使他的智慧之光闪耀、创造之泉喷涌。可以说,想象力是造物主给每个人的童年的一份厚礼,只有精心地珍爱,才会使人终身受益无穷。

主持人问一群五六岁的孩子:"帽子还能做什么用?"孩子们立刻七嘴八舌起来,有的说帽子能当扇子用,有的说帽子可作为船的风帆,有的说可以做蚂蚁的船,有的说可以当球打,有的说可以当飞碟飞,有的说可以把它垫在地上当椅子用,有的说可以当动物的摇篮,有的说可以用它装东西……孩子们的回答童趣横生,充满想象力。

在一堂低年级语文课上,老师问:"弯弯的月儿像什么?""像香蕉,像豆角,像老师弯弯的眉毛……"孩子们七嘴八舌地说。"错了,错了,像小船。"于是,孩子们一起拉长声音说:"像——小——船——"

想象是与童心相伴的,很多人长大后就失去了想象力,那么,是什么剥夺了这份与生俱来的财富呢?毫不客气地说,是不恰当的教育和缺乏想象力的老师和家长。在一些教师和家长的一个又一个"标准"答案下,我们的想象力就不知不觉地被一根无形的铁链拴住了。

丢失了想象力严重吗?知识和想象力相比,哪个更重要,更有利于人的成长、人类的进步和社会的发展?这个问题早在几十年以前,科学巨人爱因斯坦就已经告诉了我们:"想象力比知识更重要,因为知识是有限的,而想象力概括着世界上的一切,推动着社会的进步,而且是知识进化的源泉。"爱因斯坦把想象力放在比知识更重要的位子上,决没有丝毫贬低知识重要性的意思,而是要阐述想象力比知识的涵盖面更广、辐射力更强、作用更凸显,能得到更多回报的道理。

想象力是一种宝贵的品质,它是发明、创造的源泉。一个没有想象力的人,是不可能具有不断探索的创新精神的。想象力能增强一个人学习的主动性、预见性和创造性,能使人在学习中找到意想不到的灵感和捷径。

诺贝尔医学奖得主、美国华盛顿大学教授埃德蒙·费希尔曾经在同济大学的演讲台上,充满激情地表达了自己的科学理念和对中国学生的期望,其中之一就是留点时间去想象。费希尔给中国学生提出的最大忠告是"少学习,多思考"。他认为科学的本质和艺术是一样的,需要直觉和想象力。而把太多的信息塞入大脑,会让学生没有时间放松,没有时间发展想象力。牛顿本来是一个没有什么特别之处的学生。但在剑桥大学休学的两年里,他静下心来充分发展想象力,于是产生了伟大的发现。

诺贝尔奖获得者告诉我们,成功靠的是创造性的想象力、勤奋刻苦、协作态度和对事业的献身精神,其中想象力放在了首位。

这是一个发生在美国的故事。一天,一位名叫伊迪丝的3岁小女孩告诉妈妈:她认识礼品盒上的字母"O"。妈妈听后非常吃惊,问她是怎么认识的。伊迪丝说:"是薇拉小姐教的。"这位母亲在表扬了女儿之后,一纸诉状把薇拉小姐所在的劳拉三世幼儿园告上了法庭,理由是该幼儿园剥夺了孩子的想象力。因为她的女儿在认识"O"之前,能把"O"说成是苹果、太阳、足球、鸟蛋之类的圆形东西。然而,自从她识读了26个字母后,伊迪丝便失去了这种能力。她要求该幼儿园赔偿伊迪丝的精神伤残费1000万美元。

后来,法庭经过审理,判决劳拉三世幼儿园赔偿伊迪丝精神伤残费100万美元。

这位美国母亲为女儿失去的想象力而痛心,她为了维护女儿的想象力,不惜将教给女儿知识的幼儿园告上了法庭,其勇气与远见都令人称道。官司还居然打赢了,这折射出美国人的教育观念,也更加印证了想象力对孩子的成长来说是至关重要的。

亲爱的女孩,相信你已经认识到了想象力对你的重要性。所以,在平时的学习生活中,你更要注意培养自己的想象力。

首先,你要学会模仿。一个人想象力的培养,模仿是第一步,其本身就是一种"再创造想象"。在模仿的过程中,注意多思考事物的内外部特点,逐渐认识事物的本质特征,并经常与其他有联系的事物进行对比,这个过程就是想象过程。

第二,丰富自己的知识经验。知识和经验是想象的基础,一个人的知识经验越多,他想象的内容、深度就越强。所以,可以让家长经常带你走出家门,以旅游、参观、社会实践等方式,到大自然、社会中感受生活,丰富感性认识。或者多读书,积累丰富的知识经验。

第三,进行观察、记录。认识事物首先得靠观察,才可以此为基础展开想象。进行观察,一要要求细致、全面,二要坚持不懈,三要边观察、边思考,四要勤记录,观察时准备一个本子或一些纸,观察时想到什么就及时记下。

第四,多参加各种活动,培养多种爱好。"闭门造车"成效不大,只有多动眼、动手、动脑,想象的机会多了,才能培养出丰富的想象力。所以,你要多参加一些有益的活动,特别是创造性的活动,如绘画、模型制作、插花、讨论会、辩论会等,扩大你的知识面,培养多种爱好,完善个性发展,这样可以开阔你的思路,使想象也有多样的领域,多方面的角度。

总之,想象力对女孩子来说是一个优势,我们不能随着自己年龄的增大而让自己的优势变成劣势。任何时候,你都要注意培养自己的想象力。

女孩，你的耐心比男孩更出色

从前，有个年轻的农夫，他要与情人约会。但小伙子性子急，来得太早，又没有耐心等待。他无心观赏明媚的阳光、迷人的春色和鲜艳的花朵，一头躺倒在大树下长吁短叹。

忽然，他面前出现了一个侏儒："我知道你为什么闷闷不乐。"侏儒说，"拿着这纽扣，把它缝在衣服上。你要遇着不得不等待的时候，只需要将这纽扣向右一转，你就能跳过时间，要多远有多远。"这倒很不错，很合小伙子的胃口。

他握着纽扣，试着一转：啊，情人已出现在眼前，还朝他笑送秋波呢！真棒啊，他心里想，要是现在就举行婚礼，那就更棒了。他又转了一下：隆重的婚礼，丰盛的酒席，他和情人并肩而坐，周围管乐齐鸣，悠扬动人。他抬起头，盯着妻子的眸子，又想，现在要是只有我俩该多好！他悄悄转了一下纽扣：立时夜深人静……他心中的愿望层出不穷：我们应有座房子。他转动着纽扣：房子一下子出现在他眼前，宽敞明亮。我们还缺几个孩子，他又迫不及待，使劲转了一下纽扣：日月如梭，顿时已儿女成群……生命就这样从他身边急驶而过。还没有来得及思索更多，他已老态龙钟，衰卧病榻。至此，他再也没有要为之而转动纽扣的事了。

回首往日，他不禁追悔莫及：我不愿等待，一味追求满足。眼下，已是风烛残年，此时他才醒悟：即使等待，在生活中也有意义。他想将时间往回转一点，结果，他试着向左一转，扣子猛地一动，他从梦中醒来。睁开眼，见自己还在那生机勃勃的树下等着可爱的情人。而现在，他已学会了等待。

一切焦躁不安已烟消云散。他平心静气地看着蔚蓝的天空，听着悦耳的鸟语，开始觉得等待也是一种乐趣。

的确，即使等待，在生活中也很有意义，一方面你可以积蓄力量；另一方面，只有经过努力和历尽艰辛实现的愿望，才更令人满足。

一位著名的推销大师即将告别他的推销生涯，应行业协会和社会各界的邀请,他将在该城中最大的体育馆做一场告别职业生涯的演说。

那天,座无虚席,人们在热切地、焦急地等待着那位当代最伟大的推销员体育馆内的会场做精彩的演讲。当大幕徐徐拉开,人们看到舞台的正中央吊着一个巨大的铁球。为了这个铁球,台上搭起了高大的铁架。

一位老者在人们热烈的掌声中走了出来,站在铁架的一边。

人们惊奇地望着他,不知道他要做出什么举动。

这时,两位工作人员抬着一个大铁锤走上舞台,把铁锤放在老者的面前。主持人这时对观众讲:请两位身体强壮的人到台上来。好多年轻人站起来,转眼间已有两名动作快的跑到台上。

老人这时开口和他们讲规则,请他们用这个大铁锤,去敲打那个吊着的铁球,直到把它荡起来。

一个年轻人抢着拿起铁锤,拉开架势,抡起大锤,全力向那吊着的铁球砸去。一声震耳的响声过后,那吊球动也没动。他就用大铁锤接二连三地砸向吊球,很快他就气喘吁吁。

另一个人也不示弱,接过大铁锤把吊球打得叮当响,可是铁球仍旧一动不动。

台下逐渐没了呐喊声,观众好像认定那是没用的,就等着老人作出什么解释。

会场恢复了平静,老人从上衣口袋里掏出一个小锤,然后面对着那个巨大的铁球。他用小锤对着铁球"咚"地敲了一下,然后停顿一下,再一次用小锤"咚"地敲了一下。人们奇怪地看着,老人就那样"咚"地敲一下,然后停顿一下,就这样持续地做。

10分钟过去了,20分钟过去了,体育馆内早已开始骚动,有的人干脆叫骂起来,人们用各种声音和动作发泄着他们的不满。老人仍然一小锤一停地敲着,好像根本没有听见人们在喊叫什么。人们开始愤然离去,会场上出现了大块大块的空缺。留下来的人们似乎也喊累了,会场渐渐地安静下来。

大概在老人将敲打动作进行到40分钟的时候,坐在前面的一个妇女突然尖叫一声:"球动了!"霎时间,会场上立即鸦雀无声,人们聚精会神地看着那个铁球。那球以很小的摆度动了起来,不仔细看很难察觉。老人仍旧一小

锤一小锤地敲着，人们好像都听到了那小锤敲打吊球的声响。吊球在老人一锤一锤的敲打中越荡越高，它拉动着那个铁架子"哐、哐"作响，它的巨大威力强烈地震撼着在场的每一个人。终于，场上爆发出一阵阵热烈的掌声，在掌声中，老人转过身来，慢慢地把那把小锤揣进兜里。

老人开口讲话了，他只说了一句话：在成功的道路上，如果你没有耐心去等待成功的到来，那么，你只好用一生的耐心去面对失败。

亲爱的女孩，你必须知道，只要有耐心，你便能控制自己的命运。耐心愈大，报酬也愈大。因为，没有一项伟大的成就不是由耐心工作和等待造成的。而且，女孩生来就比男孩更有耐心，但是可能因为家长从小总是顺从着你办事，让你能随时得到自己想要的，从而让自己变得容易急躁。如果是这样，女孩，你更应该注意培养自己的耐心，让耐心这一优势时刻伴随自己。

第七章
既要外在美，更要内在美

ZHE
YANGZUO NVHAI
ZUIYOUXIU

　　人的内在美是指人的内心世界的美，是人的思想、品德、情操、性格等内在素质的具体体现，所以内在美也叫心灵美。

　　现代的女孩子既要具有美的内在精神，又要重视美的外在表现，要努力达到内在美与外在美的统一，这才是女孩所要追求的真正的美。

自尊与自爱，女孩必须用一生去经营

健康的自尊心，是一个人成长进步不可缺少的助推剂，是一种自爱自强、积极向上的可贵精神和优秀品质。很难想象，一个毫无自尊心的人，会反思和纠正自己的错误与不足，会正确对待别人的批评与帮助，会奋发图强、有所作为。

每个人都有自尊心，它是人在社会中处处自我尊重和处处维护自身尊严不受伤害的心理和情绪。当一个人的自身尊严受到他人的维护和满足时，会产生心情舒畅的体验，就会产生独立、坚强、自信及有成就感等。反之，当自身尊严受到他人的伤害或侮辱时，会产生痛苦、愤怒、反感等抵触情绪，从而产生自卑、软弱、无助的感觉。

自尊就是要尊重自己，既不向别人卑躬屈膝，也不容许别人对自己歧视侮辱。自爱就是要爱护、珍惜自己的名誉，树立良好的个人信誉。自尊是自爱的目标，自爱是自尊的表现，要自尊必须做到自爱。自尊自爱是为了建立和维护自己的尊严，自尊自爱是维护个人乃至民族尊严的前提。一个自尊自爱的人应该是有理想、有抱负、有气节、有人格、有个性、有主见以及有毅力的人。

有位世界知名的导演自驾车到某地选女主角，路过某小镇时，车子出现了一点小故障，他便开进修理厂。一名女工负责为他修车，她熟练灵巧的双手和美丽俊俏的容貌引起了他的注意。

"你喜欢看电影吗？"导演问。

"当然喜欢，我是电影迷。"

这时，车已经修理好了。

"您可以开走了。"

导演忙说："小姐可以陪我去兜风吗？"

"不，我还有工作。"

"验车也是你的工作。"

"好吧。谁开车？"

"当然是我开,是我邀请你嘛。"

车子行进了一会儿,女工说:

"车行驶得很快,看来没有问题了,请您开门,我要下车。"

"怎么不陪我了?"导演又问了一遍,"你喜欢看电影吗?"

"我已经回答过了,喜欢,而且是电影迷。"

"你认识我吗?"

"怎么不认识,您一来我就认出您是当代最知名的大腕导演。"

"既然如此,你为什么还这样冷淡呢?"

"您有您的成就,我有我的工作,您来修车是我的顾客,如果您不是导演,过来修车,我也会以同样的态度接待您。"

导演沉默了,在这个普通女工面前感到了自己的浅薄。"小姐,多谢,你使我想到了什么是自尊自重,好,现在我送你回去。"

这位女工在大人物面前表现的自尊自重很令人佩服。她喜欢生活,会生活,生活得十分充实而有意义。看似平凡的工作,平常的生活,体现了她高贵、无私的品德和崇高的自尊自重价值。让人佩服,让人赞颂。

看来,认为大人物之所以高大,首先是你的自卑感所致,是你总觉得自己不如人或是你总是在跪着仰慕他人的光环,却忽略了自己的生活和价值,忽略了自尊自重。

亲爱的女孩,你要知道,做人处事首先要自尊自重,尊重自己的生活和价值。人与人之间是平等的。在现实生活中,只有自尊自重自爱,才能生活得幸福美满。只要自己瞧得起自己,自强不息,锲而不舍,一定会生活得幸福而快乐。

对于自尊自爱,人们有着不同的认识和不同的表现。有的人以自尊自爱为人生的首要原则,注重维护自己的尊严,甚至将人格与尊严看得比生命还重要。有的人却重功力而轻自尊,他们忽视自尊自爱,甚至唯功利而弃自尊;有的人为了满足私欲而出卖灵魂,出卖自尊,昧着良心吹牛拍马,阿谀奉承,献媚钻营,捧上捧下,丧尽自尊。相比之下,自尊自爱显得尊贵、庄重和伟岸,而轻视和抛弃自尊自爱者则显得卑微、低贱和渺小,这是因为自尊自爱能够使人性的真善美得以体现,能够使人进步,奋发向上。

　　在弘扬和培育民族精神的需求下，自尊自爱不仅是人自身的发展需要，也是社会的发展需要，是推动社会进步的一种原动力。

　　人生的价值应包含着自尊和自爱，如果没有自尊自爱，生命还有什么意义呢？要做到自尊自爱，必须懂得自强。自强是自尊自爱的体现，是实现自尊的保证。自强靠的是自强不息的精神和百折不挠的顽强毅力，要有超越自我、战胜困难的勇气和信心。在"毛遂自荐"的故事中，毛遂之所以能成为强者，不仅是因为他有出众的才华，更重要的是他具有自强的气质，不畏冷言嘲讽，勇担重担的精神。

　　亲爱的女孩要记住，对自己的自信决定了对自己尊重、爱护的程度。只有先尊重、爱护自己，才能尊重、爱护别人，而别人也才会尊重你、爱护你。

女孩，你同样需要责任感

责任感是人这一生中必不可少的东西，它代表了一个人的品质、责任，能使人变得稳重，知道自己的义务。毫不夸张地说，如果你没有了责任感，你将变成一个让别人反感的人，如果你没有了责任感，你将一事无成。如果你没有了责任感，别人将对你失去信心。

大家也许听说过布莱德雷将军的故事。当时，一群男孩在公园里做游戏。在这个部署中，有人扮演将军，有人扮演上校，也有人扮演普通的士兵。有个"倒霉"的小男孩抽到了士兵的角色。他要接受所有长官的命令，而且要按照命令丝毫不差地完成任务。

"现在，我命令你去那个堡垒旁边站岗，没有我的命令不准离开。"扮演上校的亚历山大指着公园里的垃圾房神气地对小男孩说道。

"是的，长官。"小男孩快速、清脆地答道。

接着，"长官"们离开现场。男孩来到垃圾房旁边，立正，站岗。

时间一分一秒地过去了，小男孩的双腿开始发酸，双手开始无力，天色也渐渐暗下来，却还不见"长官"来解除任务。

一个路人经过，说公园里已经没有人了，劝小男孩回家，可是倔强的小男孩不肯答应。

"不行，这是我的任务，我不能离开。"小男孩坚定地回答。

"好吧。"路人实在是拿这个倔强的小家伙没有办法，他摇了摇头，准备离开，"希望明天早上到公园散步的时候，还能见到你，到时我一定跟你说声'早上好'。"他开玩笑地说道。

听完这句话，小男孩开始觉得事情有一些不对劲：也许小伙伴们真的回家了。于是，他向路人求助道："其实，我很想知道我的长官现在在哪里。你能不能帮我找到他们，让他们来给我解除任务。"

路人答应了。过了一会儿，他带来了一个不太好的消息：公园里没有一个小孩子。更糟糕的是，再过10分钟，这里就要关门了。

129

小男孩开始着急了。他很想离开,但是没有得到离开的准许。难道他要在公园里一直待到天亮吗?

正在这时,一位军官走了过来,他了解完情况后,脱去身上的大衣,亮出自己的军装和军衔。接着,他以上校的身份郑重地向小男孩下命令,让他结束任务,离开岗位。军官对小男孩的执行态度十分赞赏。回到家后,他告诉自己的夫人:"这个孩子长大以后一定是名出色的军人。他对工作岗位的责任意识让我震惊。"

军官的话一点没错。后来,小男孩果然成为一名赫赫有名的军队领袖,他就是布莱德雷将军。

可以说,不管是谁,只有具备责任感,才能具有驱动自己一生都勇往直前的不竭动力,才能感到许许多多有意义的事需要自己去做,才能感受到自我存在的价值和意义,才能真正得到人们的信赖和尊重。缺乏责任感的人组成的群体,如同一盘散沙,没有希望、没有前途。可见,责任感的培养对我们的个人和社会有多么重要。

亲爱的女孩,身为一个对自己完全负责的人,你会拒绝找借口,拒绝推卸责任给其他人。事实上,人生中最重大的责任不是对世界、对国家或对任何其他的东西负责,人生中最大的责任是对自己负责。对自己负责,也就意味着对自己的父母负责,对自己的亲人负责,对自己的师长和朋友负责。只有勇于对自己负责的人,才能勇敢地面对生活,才会保持终生学习的态度,才能永不松懈地追求积极上进,才能持续不断地努力完善自己。

对自己完全负责的人,会把精力集中在未来的机会而不是过去的问题上。所以,你要学会去寻找答案而不是找借口,要学会解决问题而不是去抱怨。遇到逆境,你要立刻停下来说"我负责",然后,你不会继续去想那些已经发生的事,而是去想下一步应该怎么做。

有责任感的人不会为过去的失败而哭泣,他们知道已经发生的事情是无可挽回的。他们会把每一次的挫折或失败当成是珍贵的教训,他们的座右铭是:"如果问题无可避免,我必负起全责。"

亲爱的女孩,我们大多是独生女,长期生活在家人的呵护和无微不至的照料中,很少意识到自己对他人,对家庭和社会的责任。不过,尽管如此,女孩也不要放弃对自己责任心的培养。

　　对自己负责,就要懂得珍惜美好时光,努力学习,不要终日昏昏沉沉,消磨时光,甚至整天泡在网吧里,沉迷于虚拟的网络世界,严重的甚至走上违法犯罪的道路。将自己的人生结束在本应最美好的时期,让自己的后半生生活在黑暗与悔恨之中,这是极不负责任的行为。而且,从一些社会现象中,我们也不难发现,是否对自己负责,可以决定我们的现在,更可以决定我们的未来。

诚信是高贵人格的冶炼厂

诚信是一个道德范畴，也就是指待人处事真诚、老实、讲信誉，言必信、行必果，一言九鼎，一诺千金。在《说文解字》中的解释是："诚，信也"，"信，诚也"。可见，诚信的本义就是要诚实、诚恳、守信、有信，反对隐瞒欺诈、反对伪劣假冒、反对弄虚作假。

以诚待人，以信取人，是我们中华民族最为优秀的传统之一，孔子云："诚者，乃做人之本，人无信，不知其可"；韩非子曰："巧诈不如拙诚"；陶行知先生也曾说过："不作假秀才，宁为真白丁"；季布一诺胜过千金，商鞅变法立木求信，君子一言，驷马难追……类似的故事和典故不胜枚举。

英国著名的小说家瓦尔特·司各特是一个诚实守信的人，虽然他很贫穷，但是人们都很尊敬他。

司各特为人正直，他的一个朋友看见他的生活很困难，就帮他办了一家出版印刷公司。可是，他不善于经营，不久就倒闭破产了，这使原本就很贫穷的作家又背上了6万美元的债务包袱。

司各特的朋友们商量，要凑足够的钱帮助他还债。司各特拒绝了，说："不，凭我自己的这双手，我能还清债务。我可以失去任何东西，但唯一不能失去的就是信用。"

为了还清他的债务，他像拉板车的老黄牛一样努力工作，他的朋友们都非常佩服他的勇气，都说他是一个真正的男子汉，是一个正直高尚的人。

当时的很多家报纸都报道了他的企业倒闭的消息，文章中充满了同情和遗憾。他把这些文章统统扔到火炉里，在心里对自己说："瓦尔特·司各特不需要怜悯和同情，他有宝贵的信用和战胜生活的勇气。"

在那以后，他更加努力地工作，学会了许多以前不会干的活儿，经常一天跑几个单位，变换不同的工作，人累得又黑又瘦。

有一次，他的一个债主看了司各特写的小说后，专程跑来对他说："司各特先生，我知道您很讲信用，而且我觉得您更是一个很有才华的作家，您应该把时间更多地花在写作上,因此我决定免除您的债务,您欠我的那一部分钱就不用还了。"

司各特说:"非常感谢您,但是我不能接受您的帮助,我不能做没有信用的人。"

这件事之后,他在日记本里这样写道:"我从来没有像现在这样睡得这样踏实和安稳。我的债主对我说,他觉得我是一个诚实可靠的人,他说可以免掉我的债务,但我不能接受。尽管我的前方是一条艰难而黑暗的路,但却使我感到光荣。为了保全我的信誉,我可能因困苦而死,但我却死得光荣。"

由于繁重的劳动,司各特曾经病倒过。在病中,他经常对自己说:"我欠别人的债还没还清呢,我一定要好起来,等我赚了钱,还了债,然后再光荣而安详地死。"

这种信念使司各特很快从病中康复了过来。两年后,他靠自己的劳动还清了债务。

"无诚则有失,无信则招祸"。那些践踏诚信的人也许能得益于一时,但终将作茧自缚,自食其果;那些制假售假者,或专靠欺蒙诈骗者,则往往在得手一两次后,便会陷入绝境,导致人财两空,有些甚至锒铛入狱。

在当今社会,诚信是做人、立业之本。我们每个人都有义务从自身做起,恪守诚信,让诚信成为我们为人做事的准则。只有这样,我们的生活才能绚丽多彩,我们的社会才能不断进步。

可以说,诚信是人的一张脸,上面写着你的品德和操行。

有这样一个士兵,非常不善于长跑,所以在一次部队的越野赛中很快就远落人后,一个人孤零零地跑着。转过了几道弯,遇到了一个岔路口,一条路,标明是军官跑的;另一条路,标明是士兵跑的小径。他停顿了一下,虽然对做军官连越野赛都有便宜可沾感到不满,但是他仍然朝着士兵的小径跑去。没想到,过了半个小时后到达终点,却是名列第一。他感到不可思议,因为自己在比赛中从来没有取得过名次不说,连前50名也没有跑过。但是,主持赛跑的军官笑着恭喜他取得了比赛的胜利。

过了几个钟头后,大批人马到了,他们跑得筋疲力尽,看见他赢得了胜利,也觉得奇怪。突然,大家醒悟过来,在岔路口诚实守信,是多么重要。

亲爱的女孩要记住，树立诚信要从点点滴滴做起。女孩要做到恪守诚信，你就要对自己讲的话承担责任和义务，答应他人的事，一定要做到。同他人约定见面，一定要准时赴约。上学或参加各种活动，一定要准时赶到。要知道，许诺是非常慎重的行为，对不应办或办不到的事情，不能轻易许诺，一旦许诺，就要努力兑现。如果我们失信于人，就等于贬低了自己。如果我们在履行诺言的过程中情况有变，以至无法兑现自己的诺言，就要向对方如实说明情况并表示歉意，这与言而无信是完全不同的两回事。

守住谦虚之心，就守住了进步的宝藏

在 20 世纪，中国文化先驱之一的蔡元培先生曾有过这样一件轶事：一次，伦敦举行中国名画展，组委会派人去南京和上海监督选取博物院的名画，蔡先生与林语堂都参与了这件事。

法国汉学家伯希和自认是中国通，在巡行观览时滔滔不绝。为了表示自己的内行，伯希和向蔡先生说："这张宋画绢色不错"、"那张徽宗鹅无疑是真品"，还不断地谈到墨色、印章如何等等。林语堂注意观察蔡先生的表情，他并不表示赞同和反对意见，只是客气地低声说："是的，是的。"一脸平淡冷静的样子。

后来，伯希和若有所悟，闭口不言，面有惧色，大概是从蔡元培的表情和举止上看出了什么，所以他担心自己说错了，出了丑自己还不知道呢。林语堂后来在谈到蔡元培先生时，还就伯希和一事感叹说："这是中国人的涵养，是反映外国人卖弄的一幅绝妙图画。"

事实上，没有一个人能够有骄傲的资本，因为任何一个人，即使他在某一方面的造诣很深，也不能够说他已经彻底精通，彻底研究全了。"生命有限，知识无穷"，任何一门学问都是无穷无尽的海洋，都是无边无际的天空，所以，谁也不能够认为自己已经达到了最高境界而停步不前、而趾高气扬。如果是那样的话，则必将很快被同行赶上、被后人超过。

"胡庆余堂"是红顶商人胡雪岩毕生的心血。在世纪更迭、战火纷纷的岁月中，无数金字招牌都未能幸免于难，"胡庆余堂"却以胡雪岩提出的谦虚诚信得以维持。

一天，一位老农到"胡庆余堂"买药，微露不悦之色，恰好被胡雪岩看到了。胡雪岩便和颜悦色地问老人，是不是药店有什么招呼不周的地方。

老人见胡雪岩谈吐穿着不凡，知道是个管事的人，就说："药店的鹿茸切片放置时间太久，有些返潮，希望贵店不要提前将鹿茸切片，等有人来买时再切更好。"

一旁的掌柜见老人是一个农夫,买的鹿茸也不多,就恶语相加说:"我们卖的都是上等的马鹿茸,希望你不要在店堂内胡说八道。"胡雪岩打断了掌柜的话说:"老人家,您的建议我们马上就采纳,我保证您以后一定会买到上好的鹿茸,这次的鹿茸我们不收钱,希望您下次还能到'胡庆余堂'买药。"

老农夫被胡雪岩的谦虚大度所感动,逢人就夸"胡庆余堂"货真价实,每次进城都会给胡雪岩送些土产,两人成了忘年之交。

胡雪岩的谦和不仅没有失掉药店的声誉,反而让他赢得了老农夫对"胡庆余堂"的信任。胡雪岩常对人说:"我一无所有,有的只是朋友。"朋友们都非常信任胡雪岩,信任"胡庆余堂",百年老店就是在信任中传承到今天。

要知道,谦虚能让人得到信任,这种信任会帮助我们获得成功。

杜拉斯是法国著名作家,同时她也是积极的参政者。1943 年,她参与了一个反维护希特勒政权的集会。集会触痛了当时政府的软肋,所有参与运动的人,都受到警方的追捕,杜拉斯也准备暂避到小城格勒诺布尔。

在火车包厢里,除了杜拉斯,还坐着三个人,一对母女和一个男人。男人叫布拉瑟,是法国的一个演员,他一眼就认出了杜拉斯。布拉瑟曾在报纸上抨击过杜拉斯的新作《无耻之徒》,说小说里充斥着恐惧和欲望,是对孩子神圣心灵的亵渎。在包厢里,布拉瑟仍不依不饶,大声阐明自己的观点,并对杜拉斯提出建议,希望她能改进。

杜拉斯并没有生气,而是微笑着说:"很高兴您能仔细读完这本小说,我还以为没有人想看它呢。"她说完,对面的孩子就笑了起来。杜拉斯说这是她独立完成的第二部小说,以后会继续写下去,希望布拉瑟先生能坚持给出中肯的意见。

杜拉斯的话,让布拉瑟对她刮目相看,他曾以为杜拉斯只是个爱出风头的女人。于是,一改以前对她的偏见,两人一见如故,在包厢里亲切地交谈着。

突然,两个军官冲进了包厢,要查看他们的身份证明,布拉瑟起身和军官寒暄,有个军官表示很喜欢他的表演,另一个军官似乎认出了杜拉斯,朝她望去。

"先生,这是我太太,请允许我介绍一下。"布拉瑟搂着杜拉斯朝军官说,两个军官犹豫了一会儿出去了，布拉瑟以法国人特有的浪漫帮杜拉斯度过了困境。

我们在生活中不难发现，有真才实学的人往往虚怀若谷，肯接受批评，而不学无术、一知半解的人，常常自以为是，骄傲自满。睿智的人，会在别人的批评声中找到出口；愚蠢的人，则在批评声中怨天尤人。谦虚谨慎的人，才会赢得尊重，在困境中得到帮助。

海尔集团首席执行官张瑞敏说，我们主张产品零库存，同样主张成功零库存。只有把成功忘掉，才能面对新的挑战。他时时处处向员工灌输危机意识，要求大家面对成功要始终保持一种"零库存"的心态。

成功零库存，是一种做人的胸怀，也是谦虚的心态。对于有远大志向的追求者来说，成功永远在下一次。

巴西球王贝利说："当人们问我哪一个进球是最精彩、最漂亮时，我的回答永远是'下一个'！"

把过去的成功忘掉，才能迎来新的成功。出了多部小说、在全球华人读者圈中拥有很高知名度的金庸先生，当被人问起是否想过要拿诺贝尔文学奖时，他非常明智地说："以前写小说、办报纸，觉得自己的学问还应付得来，但现在当大学教授，跟其他教授相比，就觉得自己的学问还不够。我现在正在研究五代十国的历史，希望可以写一些好的历史书。"

每个人都掌握了一定的学识，有过一些成功的经历，就好比水杯中已经蓄了很多水。而当你接受新的工作和挑战时，你能否成功，取决于你是否能倒空你杯中的水，潜下心来从头学习、从头做起。这也就是我们常说的空杯心态。

亲爱的女孩，空杯心态也许正是你所缺少的。所以从现在开始，请以谦虚的心态投入到自己的学习和生活中，让谦虚帮助自己获得成功。

无论外表如何，善良的女孩最美丽

人世间最宝贵的是什么？法国作家雨果认为是善良。"善良是历史中稀有的珍珠，善良的人优于伟大的人。"中国传统文化历来追求一个"善"字：待人处事，强调心存善良、向善之美；与人交往，讲究与人为善、乐善好施；对己要求，主张独善其身、善心常驻。记得一位名人说过，对众人而言，唯一的权力是法律；对个人而言，唯一的权力是善良。

有这样一则小故事：一场暴风雨过后，成千上万条鱼被卷到一个海滩上，一个小孩子每捡到一条便送进大海里，他不厌其烦地捡着。

一位恰好路过的老人对他说："你这样捡，一天也捡不了几条。"孩子一边捡着一边说道："起码我捡到的鱼，它们获得了新的生命。"一时间，老人语塞。

还有一则故事是发生在巴西丛林里，一位猎人在射杀一只豹子后，竟看到这只豹子拖着流出肠子的身躯，爬了半个小时，来到两只幼豹面前，喂了最后一口奶后倒了下来。看到这一幕，这位猎人流着悔恨的眼泪折断了猎枪。

美国作家马克·吐温称"善良"为一种世界通用的语言，它可以使盲人"看到"、聋人"听到"。心存善良之人，他们的心滚烫，情火热，可以驱赶寒冷，横扫阴霾。善意产生善行，同善良的人接触，智慧往往能得到开启，情操会变得高尚，灵魂能变得纯洁，胸怀也会更加宽阔。

播种善良，才能收获希望。一个人可以没有让旁人惊美的姿态，也可以忍受"缺金少银"的日子，但离开了善良，却足以让人生搁浅和褪色，因为善良是生命的黄金。多一些善良，多一些谦让，多一些宽容，多一些理解，就能让人们在生活中感受到美好和幸福。这是善良的人们向往和追求的，也是我们勤劳善良的中华民族所提倡和弘扬的。

要记住，有一种美丽，是我们看不见、摸不着的，它需要用心来感受，这种美丽就是善良。我们长大的过程，做过的事情，说过的话，都会存在心里，点点滴滴积累起来，会令你的周身都透出可亲，动人和美丽的光芒。因为，真正的美，是从心灵深处来的，她是善的代名词。这样的美，才会持久、热烈、不管你是 18 岁,还是 80 岁,都一样会充满迷人的魅力。

其实,有时候,你也会发现,美丽如此容易,一个并不完美的外表,因为有了美丽的灵魂,折射出的美感竟是这样动人心魄,令人匪夷所思。

善良人的外表并不一定美,她的美在于内心。有句话说得好:"人不是因为美丽而可爱,而是因为可爱而美丽"。善良,可以使一个相貌平平的人增添几分美丽。善良,可以给一个女孩增添几分魅力。女孩,可以不漂亮,但不可以不善良。

记得莎士比亚说过,外在的相貌其实是内心世界的一面镜子:善良使人美丽。拥有一颗善良的心,远胜过任何服饰、珠宝和装扮。善良所带来的美丽,不仅发自内心,溢于言表,并且持久高贵。所谓相由心生,说的就是一个人的相貌是可塑的,人的心灵对他的外表有很大的影响,我们完全可以用自己的行为和思想来改变自己的相貌。亲爱的读者,要是你希望自己美丽俊秀,那就把心灵的图画画得最美。

媛媛每见到街上有人乞讨,总要给钱。朋友劝她说,这些乞丐看着可怜,其实有不少都是假的,人家就是靠这发财的,家里的小洋楼都盖起来了,比你住得还宽敞呢。媛媛点点头,若有所悟,可是下次碰见乞丐,她还是照样掏钱。朋友问:"你怎么还傻呢?"她解释说:"万一这个是真乞丐,他家里没盖楼呢?"

心地善良,这是美丽的源泉。亲爱的女孩,为了让自己变得更美丽,你要培养自己的爱心。有爱心的人,才有豁达的心胸,才能真诚地与人相处,善待家人、朋友和他人,才能从心灵深处泛出美丽。有爱心的人,能够得到生活的回报,真真切切地感受生活的美好,过好平平实实的每一天。

女孩，别忘了播种爱的种子

对于女孩而言，父母、老师的爱或许就如地球上的空气和水一样重要。想想地球上的空气和水可能会因为人们的破坏而逐渐减少，那么爱呢？会不会也有一些因素让它们可能减少甚至消失呢？答案是肯定的。爱如种子一样，需要人们的辛勤照顾及培养，这样才能够在将爱播种下去之后，将爱得以传播，让爱延绵不息。

高尔基一生写过许多优秀的作品。一次，高尔基生病了，到一个孤岛上养病。他的儿子来看他，临走时，在父亲住的房子周围撒下了许多花种。春天来了，鲜花开放了，高尔基的病也好了。他十分兴奋，给儿子写了一封信，信中说："你走了，可是你种的鲜花却开放了。我望着它们心里想：我的好儿子在岛上留下了一样美好的东西，那就是鲜花。要是你不管在什么时候、什么地方，留给人们的都是美好的东西，那对你来说将是非常美好的回忆，那你的生活该多么愉快呀。"

高尔基写给他儿子的这封信就是告诉人们这样一个真理：播种爱、传播爱的人才会是最愉快的，是最受欢迎的，这样的人在将爱传播给他人时，在将爱传递给他人时，也在自己的心底留下了一片阳光。

有一位从贫穷的山区来到大城市读书的大学生，为了解决学费，他偷偷地利用周末做起文具商品的推销人。他的性格比较腼腆，不善言辞，一个月下来，几乎没有得到什么报酬。于是，失望、沮丧的情绪使他陷入了非常痛苦的境地。他不知道自己在这种境遇中能否坚持完成学业，因为家庭到底有多少经济的承受力，他自己心里很清楚，年迈的父母和正在读书的弟弟、妹妹，由于他的拖累会更加困苦不堪。他心里暗暗下定决心，再做一个月的推销员，如果还不能挣到自己的学费，就退学出去打工，挣钱养活自己。

在那个月的每一个周末，他疲惫不堪地奔走于一幢幢居民楼、学校、办公楼之间，而带给他的仍然是深深的失望。有一天晚上，他想最后再敲一家住户的门，如果还没有一点收获的话，他就要放弃努力。

他紧张地、怯怯地摁响了门铃，出来开门的是一个中年妇女，她慈爱地问他有什么事,他语无伦次地说明了自己的来意。站在那位妇女身后的是一位初中生模样的小女孩，她热情地把他拉进屋，要把他手中提的所有的铅笔、钢笔、圆珠笔一并买下，而那位妇女也没有什么反对的态度。他有点兴奋,有点感激,也有点莫名其妙,买这么多笔干什么？疑问使他意识到,是不是这家人同情他的狼狈模样才这样做？

那位妇女和女孩似乎看出了他的犹豫，就和善地说:"进屋坐会儿吧。"他说:"不坐了,这位小妹妹没有必要买这么多笔,就买一支吧！"那位中年妇女却说:"不客气,进屋坐吧,我有话和你聊聊。"结果,就是那一天,他的生活发生了变化。原来那位妇女在公司的办公室里见过他去推销文具，知道他是一位生活困难的大学生,就建议他不要再推销文具,而是让他辅导她的孩子学习,每月可以有几百块钱的收入。从此,那个大学生就安心自己的学业,后来成了一个很出色的学者。

一个学生最渴望的是什么？当然是学习,是这位母亲用爱的行为帮助了这个大学生。亲爱的女孩,在你的成长道路上去播种爱、传播爱,其实并不难。如果你看到别人有困难,请主动去帮助他:帮同学解开学习上的疑难;为家境贫困的同学捐出零花钱;轻轻扶起摔倒的小同学……给别人帮助,别人就会感受到春的温暖,因为你在他心中播种了爱;回到家里,为爸爸斟一杯茶,帮妈妈扫扫地,替弟弟系上鞋带等等;出入公共场所,当你推门而入时,别忘了回头看看身后是否有人,以免碰伤他;当你玩耍时,要考虑到是否还有人在休息;当你学习松懈时,是否还记得父母和老师的希望……只要你处处为别人着想,把爱的春风送给他们,美丽的笑颜就会在他们的脸上绽放,你就会成为让大家喜欢的女孩,你就可以轻易地拥有幸福和快乐。

在这个世界上有太多的诱惑、有太多的欲望充塞着我们的内心,我们忙忙碌碌,总是急切地想要抓住一丝快乐,但快乐又似乎总与我们擦肩而过。为什么？因为我们在忙碌的环境中忘记了给予帮助他人的快乐。记住,播种爱,传播爱,你会更快乐。

亲爱的女孩,在春天的季节里为自己播下爱的种子,让它成为使你幸福也使周围人快乐幸福的种子,让它在你爱心的浇灌下越来越茁壮地成长,这样,我们才能够拥有幸福,才能够让爱笼罩大地,让爱充满心田,让爱永驻人间,让我们获得生命的精彩。

对帮助过你的人心存感激之情

美国著名作家芭芭拉·安吉露丝说:"感恩就是让我们与自己的心做朋友,直到发现自己是爱与宁静的源泉。"这就说明,感恩是进入心的大门,它能打开我们与他人之间的距离,让生活中有更多的爱与关怀。

女孩在成长的过程中,会受到许多人的关怀与爱护,让我们觉得自己是在幸福与快乐的天堂中成长。但是在面对这样的关怀与爱护时,应该时时记住让感恩之心永远相随,只有这样,我们才可以不断地生活在幸福的人间里。可以说,感恩就像是最新科技的过滤器,具有病毒扫毒和防火墙的功能,能帮助我们不受负面能量的侵袭,同时又可以创造快乐、开心和爱等正面情绪。

一个生活贫困的男孩为了积攒学费,挨家挨户地推销商品。

傍晚时,他感到疲惫万分,饥饿难挨,可推销的结果却很不理想,以至他有些绝望。这时,他敲开一扇门,希望主人能给他一杯水。开门的是一位美丽的年轻女子,她给了他一杯浓浓的热牛奶,令男孩感激万分。

许多年后,男孩成了一位著名的外科大夫。有一次,一位患病的妇女,因为病情严重,当地的大夫都束手无策,便被转到了那位著名的外科大夫所在的医院。外科大夫惊喜地发现那位妇女正是多年前在他饥寒交迫时,热情地给过他帮助的年轻女子。当年,正是那杯热奶使他又鼓足了信心。

结果,当那位妇女正在为昂贵的手术费发愁时,却在她的手术费单上看到一行字:手术费=一杯牛奶。

读了这个故事,让我们感动的是女人的善举,除此之外,我们还为男孩的行为感到欣慰。他对曾经帮助过自己的人心存感激之情,他用自己的行动说明了一切。

感恩是一种生活态度,一种处世哲学,一种智慧品德。英国作家萨克雷说:"生活就是一面镜子,你笑,它也笑;你哭,它也哭。"送人玫瑰,手留余香。无论是谁,处于何种境况,都需要感恩。让感恩之心时刻相随,我们便会更加感激那些有恩于我们却不言回报的每一个人,正是因为他们的存在,我们才有了今天的幸福和喜悦；我们便会以给予别人更多的帮助和鼓励为最大的快乐，便能对落难或者绝处求生的人们伸出援助之手，而且不求回报；我们便会对别人、对环境少一分挑剔，多一分欣赏；我们也会逐渐原谅那些曾和自己有过结怨甚至触及你心灵痛处的那些人。

每年11月的最后一个星期四是美国人民独创的节日——感恩节。每逢"感恩节"，美国举国上下热闹非凡，做感恩祈祷，举行感恩活动，品尝"感恩火鸡"，借此感谢已经拥有的和即将得到的。

虽说"感恩节"是美国的节日，但"感恩"却不分国度。全身瘫痪的英国著名物理学家霍金以一颗感恩之心，创造出了一段生命的奇迹。

当一位女记者问："霍金先生，卢伽雷病已将您永远固定在轮椅上，你不认为命运让您失去太多了吗？"霍金微笑着，用还能活动的手指叩击键盘："我的手指还能活动；我的大脑还能思维；我有终生追求的理想，有我爱和爱我的亲人和朋友；对了，我还有一颗感恩的心。"

女孩，如果你想走好人生之路，就常怀一颗感恩的心吧。感恩，是我们民族的传统美德。从滴水之恩到涌泉相报，我们中华民族有着深厚的感恩文化，这种文化也深深地滋养着一代代的人。这一美德应该世世代代传下去，而且应该越传越好。

感恩，是人们拼搏奋斗的动力。人们在强烈的感恩之心的驱使下，会刻苦地学习，勤奋地工作，会热心于善事，会执著地追求，无私地奉献，自觉地用实际行动来回报这些恩情。

感恩，是人间的真情。如果人人都有了感恩之心，人间就有了阳光与温暖，就有了博爱与善良，就有了真心与忠诚，就有了团结与融洽，就有了宽容与谅解，就有了协调与和谐。

作为成长中的女孩，只要将感恩之心时时相随，我们就可以平心静气地面对许多事情，我们就可以认真踏实地做好每件小事，我们就可以真正做到严于律己、宽以待人，我们就可以正视错误、互相帮助，我们就会生活在一个集体的环境里感受着大家的温暖……

在人生的道路上，不可能永远一帆风顺，总会碰到曲折坎坷，总会有挫折失败，总会有人为你指点迷津，让你再次扬帆远航，驶向幸福的彼岸，此时

你能不心怀感恩吗？如果你有了这样的一种心态，并将感恩之心永远放在心里，那么，当他人遇到困难的时候，请及时伸出你的援助之手帮他们渡过难关，相信在看到他人幸福快乐的微笑时，你也可以感受到来自心底的快乐。

　　亲爱的女孩，如果你能让感恩之心时刻相伴，就能更好地处理与他人之间的关系，就可以创造更为融洽的关系，更为团结的环境和相互理解的机会……常怀感恩之心，给别人掌声，自己的周围也会有掌声响起。在我们不断感恩的过程中，就可以不断提升自身的修养和境界，成为众人所尊敬、受人称道的优秀女孩，就可以为你的幸福人生添砖加瓦。

尊重他人就是尊重自己

每个人都有自尊心。当一个人的自身尊严受到他人的维护和满足时，会心情舒畅，产生独立、坚强、自信及有成就感等；反之，当自身尊严受到他人的伤害或侮辱时，会产生痛苦、愤怒、反感等抵触情绪，产生自卑、软弱、无助的感觉。

有一个女孩子刚毕业参加工作。在单位她表现得非常活跃。有一次，在单位，她突然闻到一股臭臭的味道。当她跟身边的一个同事说话时，发现原来是同事的口臭。于是，她大声说："你今天刷牙了吗？你的口臭都快熏死我了，像死鱼的味道。"她一边说，一边递给同事一块口香糖，"快吃一块吧！"

其他的同事都看着她们，有几个男同事还发出了笑声。这个同事的脸突然涨得通红，没有接她的口香糖，摔门就走了。从此以后，同事对她的态度非常冷淡。这个女孩子还觉得有点莫明其妙，觉得自己不过是开了个玩笑提醒一下，真是好心不得好报。

从言语表达上来看，这个女孩说话太直白，不会表达，而从心理学的角度来看，她在想帮助别人的时候，却没有考虑到他人的感受，不知不觉地伤害了同事的自尊心。

要知道，一个人的自尊主要来自自我价值感的体验，而自我价值感又源于人际交往的过程中，来源于他人对自己的态度。别人的肯定会增加人们的自我价值感，而别人的否定会直接威胁到人们的自我价值感。所以，人们对来自人际关系世界的否定性的信息特别敏感，别人的否定会激起人们强烈的自我价值保护的倾向，表现为逃避或否定别人，以维护自己的自尊心。

一个纽约商人看到一个衣衫褴褛的铅笔推销员，出于怜悯，他塞给那人一元钱，不一会儿他返回来又取了几支铅笔并抱歉地解释说自己忘记取笔了，然后又说："你跟我都是商人，你也有东西要卖。"

任何人都是有自尊心的，我们在同别人交往时，必须对他人的自我价值起到积极的支持作用，维护别人的自尊心。如果我们在人际交往中威胁了别

人的自我价值感,那么就会激起对方强烈的自我价值保护动机,引起人们对我们的强烈拒绝和排斥情绪。此时,我们是无法同别人建立良好的人际关系的,而且已经建立起来的人际关系也可能会遭到破坏。

曾经就有一个女孩因此而失去了一个朋友。这个朋友是她的高中同学,是一个内向的女孩。那时,她们是同桌,同桌的学习成绩非常好,性格十分随和,女孩也很喜欢跟她交往。当时,她们是无话不说的好朋友。同桌的家在农村,家境不好,因此她的内心总有一些自卑。

有一次,学校要调查一件事情,需要家住城市的学生们一起开个会。当时老师叫女孩的时候,同桌不在座位上。后来,同桌进了教室问这位女孩:"我需要去开会吗?"

之后,女孩无意中说了一句话,深深地伤害到了她,女孩说:"你又不是城里的,去干吗?"其实,女孩当时说这句话的时候实属无心,没想到这句话却在同桌心里留下了深深的烙印。同桌非常敏感地问女孩:"你是瞧不起我们农村人,对吧?"

因为这件在女孩看来不起眼的小事,同桌有一个星期没跟女孩说话。后来,女孩也记不清她们是怎么和好的,但是她们之间却仿佛竖起了一道玻璃墙。同桌不再主动地给女孩讲习题,女孩也说不清为什么不再跟她轻易说话或开玩笑了。

每个人都有自尊心,而且自尊和自卑是一对双胞胎。处理不好,很容易给人造成打击,或许从此就留下阴影。那个被你伤害的人要么远离你,要么憎恨你。因此,我们在与人交往时,特别是面对一些"脸皮较薄"、敏感的人的时候,一定要考虑到他的自尊心。

有一次,一个清洁工到雇主家打扫卫生。主人给她布置完工作后,突然问她:"我能够吸烟吗?"这个清洁工吃了一惊,说:"你是在问我?"在她看来,这是雇主自己的家,他想干什么都可以,为什么还要征求她的意见呢?雇主回答:"是啊,我想抽支烟。"

清洁工露出不解的神情,反问雇主:"这是你的家呀,抽烟是你的事,为什么要问我呢?"

雇主说:"因为我认为吸烟会妨碍你,当然该得到你的允许。"

清洁工听到这句话后非常感动，连连说，"你以后不用问我，尽管吸好了！"雇主这才拿起一根烟，把它点燃。

那一天，从雇主家出来，清洁工非常高兴，心情特别好。想起以前她在别人家做小时工的时候，大多是看主人的脸色。现在她觉得自己在这个主人家得到了尊重，尽管自己是一个清洁工，但她并不是比别人低一等，而是一个跟主人一样平等的人。

以后，每次到这个雇主家干活，她都热情饱满，即使事情再多，她也感到很快乐。

因为被尊重，所以，清洁工热情饱满，并觉得很快乐。原来，尊重别人的结果是这样美好。但是，在现实生活中，维护他人的自尊，让他人感觉到自己受到了尊重和重视，这一点被很多人忽视了。所以，在人际交往中，你要注意，凡是弱点、缺点、一切不如别人的地方都有可能是他人所忌讳的，因此，你千万不要去踏这些"雷区"。只要这样，才不会伤害到他人的自尊。

亲爱的女孩要明白，尊重他人看似是个简单的问题，而实践起来却很难。但如果实际去做的话，得到的更多的将都是别人的掌声和赞赏。

女孩要培养自己的知性美

我们常说,女孩要具有知性美。知性美是指内在的文化涵养自然发出的外在气质,说白了就是让人一看就觉得此人有文化有内涵的气质。具有知性美的人懂得"万绿丛中一点红,动人春色不须多"的规则,她们凭借一举一动,一言一语之优势,尽现至善至美,而能达到这种韵味,则被称之为具有女人味。

在今天的社会,在茫茫人海中,让人着迷的已经不是单纯漂亮的女孩子,而是那些得体优雅、懂礼仪有教养的女孩子。是那些积累了知识,散发出气质,是那些将尴尬化为幽默的女孩子,在生活的点点滴滴中,在举手、投足、一颦一笑中,都会仪态万千,举止优雅的女孩子。

在细雨水乡的乌镇举行的新娱乐华语主持人群英会上,中央电视台的董卿被评为"最具知性风范"的女主持人。当你看着她从青涩中走来,日渐成熟且妩媚时,你会知道什么叫知识的力量。这个酷爱读书的女主持人,机敏聪慧,从初涉荧屏到现在,逐步形成了清新大方、亲切自然、文化气息浓郁的主持风格,无论是主持专栏节目还是大型晚会,都能体现出良好的个人素养和专业水准。人们不得不钦佩董卿完善的知识结构、强烈的人文关怀、灵活的控场能力和良好的语言素养,这四位一体使她在主持中表现出了一种特有的淡定、自信和机敏,形成了强烈的"场"效应,那含蓄内敛的气质赋予了她收放自如的大气和沉稳,那一份积淀了淡定与自信的美丽,给观众留下了深刻的印象。

亲爱的女孩,现在的你因年龄、阅历等原因,也许还不能做到知性,但是你可以向知性的方向发展,因为你现在已经站在了自我发展的起点,你有权利选择做一个知性的人。

要成就自己的知性美,你要学会变得有品位。要知道,每一个女孩都是特别的,都应该有自己独特的品位,可能很多女孩会觉得品位与时尚或奢侈品是挂钩的,其实不然。品味是一个人去观察事物时的态度,同样的东西,在不同人的眼里会出现不同的价值, 而物品本身的价值与品位的高低是没有关系的,女孩要用自己的眼光去欣赏一件东西,用自己的品味去挑选东西。

要成就自己的知性美,你要养成读书的习惯。女孩已经开始慢慢地接触社会了,在与别人交往的过程中,可以说谈吐与修养是最能征服别人的。一个不喜欢看书的女孩,是不会充满智慧的。闲暇的时候,到书店逛逛,认真挑几本可以提升自己素养的书籍买回家阅读, 不管是名著还是理财方面的或是激励方面的,都有值得我们学习的地方。书籍可以让人们的生活丰富,也可以让人们的思想改变,甚至可以说,选择阅读一本好书,胜过一个优秀的辅导老师。每一本书里都有着很大的智慧,阅读过的书籍都会成为女孩社交中的资本,因为没有人会喜欢与一个肤浅的女孩交往。选择合适的书本,它能让人领悟到很多哲理,能让你学会以一种平和的心态去迎接生活中的痛苦或快乐。

要成就自己的知性美,你要试着发现生活里的美。女孩要逃离那些充满灰暗色彩的小说,因为它们只会让大家与悲伤越贴越近,而生活并不是小说里情节的翻版。不要总提醒自己回忆遇到的不幸,要知道在这个世界上有很多人比你还不幸,只要能够抬头看到阳光就是幸运的,那些生活里的挫折比起一个人的人生,只不过是一个再小不过的插曲。要想在这个社会上立足,就要有平和的心态。在患得患失的人生里,我们时刻都在做着选择,也被别人选择着,我们应该有一点阿Q精神,要明白痛苦与快乐的生活都是我们选择的,因此没必要让自己沉溺在痛苦中。

要成就自己的知性美,你要跟有思想的优秀人交朋友。在生活中,人际关系很重要,而你选择加入的朋友圈也会对你的人生有着很大的影响,如果你的朋友都是一些积极向上,心态乐观的人,你也会被他们所感染;如果你的朋友是悲观主义者,整天只知道抱怨生活,却不会脚踏实地地工作,时间久了,你同样会被感染。

人在选择朋友的时候很重要,因此说,有时候如果想了解一个人,也可以从他的朋友是什么样的人来了解他的为人。

要成就自己的知性美,你要远离泡沫偶像剧。电视里的白马王子与灰姑

娘都是生活里的男孩或女孩向往的,但他们并不是真实存在的。很多情节就是为了让人们的情绪出现波动,但它并不能与现实生活挂钩,而是超越了生活本身的。所以,女孩子不应该再沉溺于这种造假的童话氛围里了,有时间多看一些能够帮助自己的节目。所以,一个优秀的女孩,应该不会花大把的时间沉溺在偶像剧里的。

亲爱的女孩,从现在起就努力吧,让思想指导你的行动,让知性铸就你的美丽。

欣赏他人,不要认为自己很优秀

刀和磨刀石是亲密的伙伴,他们互相欣赏着对方。刀感慨地说,如果没有磨刀石的打磨,自己就不会这么锋利;磨刀石说,要是没有刀的光顾,它就感觉自己没有实现自己的价值。可是好景不长,有一段时间,刀与磨刀石互不买账,都说自己更有价值,更有作用。于是主人为了让它们能够团结共事,就把它们叫到了一起。

"你知道为什么我喜欢用你吗?"主人先问刀。

"因为我锋利。"刀炫耀地说。

"你知道你为什么能锋利吗?"主人问。

"因为都是有我啊!"在一旁的磨刀石忍不住插嘴说。

接着,主人又问磨刀石:"你知道为什么我会看上你吗?"

"因为我有用。"磨刀石高傲地说。

"你知道你为什么有用吗?"主人问。

"因为有我啊!"在一旁的刀也忍不住插嘴。

最后,主人对刀和磨刀石说:"你们一个被我重用,一个被我看上,是因为你们谁也离不开谁。一旦离开了对方,刀便成了一块废铁,磨刀石便成了一块废石,难道你们甘愿成为废物而让我扔掉吗?"

磨刀石和刀听后,恍然大悟,握手言和。

这个故事告诉我们,要善于发现别人的优点,并真诚地取人之长,补己之短。在人际交往的过程中,很重要的一点就是看对方是否懂得欣赏他人,又是如何欣赏的。一个人如果视同道为冤家,看他人一无是处,那么最终自己也将难有大的作为。只有学会欣赏别人,才能为自己的发展提供和谐的人际环境,才会让被欣赏的人鼓起信心和勇气。

一年秋天,屠格涅夫在打猎时,无意间捡到一本皱巴巴的《现代人》杂志。他随手翻了几页,竟被一篇题为《童年》的小说所吸引。作者是一个初出茅庐的无名小辈,但屠格涅夫却十分欣赏。他四处打听,几经周折,找到了作

者的姑母,表达了他对作者的肯定与欣赏:"这位青年人如果能继续写下去,他的前途一定不可估量!"作者收到姑母的信后欣喜若狂。他本是因为生活苦闷而信笔涂鸦写小说的,由于名作家屠格涅夫的欣赏,竟一下子点燃了他内心创作的火焰,找回了自信和人生目标,于是一发而不可收地写了下去,最终成了具有国际声誉和世界意义的艺术家和思想家。他就是列夫·托尔斯泰。

欣赏他人,需要具有一种宽广的胸襟和一种无私的勇气,也可能是一种超然的智慧和一种劝人的艺术。欣赏他人,可以是出自爱才之心,容才之量,也可以是助人之难、解人之惑。有的时候,这种欣赏会在不知不觉中改变他人的命运。

在现实生活中,人人都渴望得到欣赏。林肯有一次在信里说:"每个人都喜欢人家的赞美。"威廉·詹姆斯则说:"人性中最深切的心理动机,是被人赏识的渴望。"如果一个人能由衷地欣赏别人,主动地关心帮助别人,就会得到别人的欣赏,就会得到别人的关怀,自然也就会感到幸福。可见,多一点欣赏,少一点挑剔,于人于己都是至关重要的。

不仅如此,欣赏他人,还会避免让自己掉进自满的漩涡。

古希腊的著名哲学家苏格拉底,不但才华横溢,而且广招门生,运用著名的启发谈话启迪青年人的智慧。每当人们赞叹他的学识渊博、智慧超群的时候,他总是谦逊地说:"我唯一知道的就是我自己的无知。"

从上述事例中我们看出,自满有时会让人陷入尴尬的境地,而谦虚则会让人流芳千古,赞誉颇丰。自满的人让自己的学识止步不前,谦虚的人让自己对知识孜孜不倦地追求。

亲爱的女孩,也许你从小受到了家长诸多的夸奖,以至于你有点过分自信。自信对于你来说无疑是好现象,但是过度自信就是自负,你开始觉得自己是最好、最棒的,你的眼里忽视了别人的优点,只看到自己的优点,你开始目中无人。这样的心态对你是不利的,因为自满会让你失去很多学习的伙伴,让你故步自封。所以,亲爱的女孩,要学会欣赏他人,任何时候都不要认为自己是最优秀的。

第八章
要拥有正确的处世态度

ZHE YANGZUO NVHAI ZUIYOUXIU

　　处世之道,就是为人之道,今天的我们要想立足于社会,就得明白什么才是正确的处世态度。明白怎样做人,才能与人和睦相处,待人接物才能通达合理,这确实是一门高深的学问,值得我们终身学习。

　　亲爱的女孩,只有学会正确的处世态度,你才能成为打开立足社会的钥匙。

不要事事追求完美

追求完美,是人类自身在渐渐成长过程中的一种心理特点或者说是一种天性。应该说,这没有什么不好。人类正是在这种追求中,不断完善着自己,使自身成为这个世界万物之精灵。如果人只满足于现状,失去了这种追求,那么人大概现在还只能在森林中爬行。在日常生活中,我们对事物总是要求尽善尽美,愿意付出很大的精力去把它做到天衣无缝的地步。可见,追求完美并不是件坏事。

但是,人生不可能事事都如意,也不可能事事都完美。追求完美固然是一种积极的人生态度,但如果过分追求完美,而又达不到完美的标准,就很可能产生浮躁的心理。过分追求完美,往往不但得不偿失,反而会变得毫无完美可言。

有这样一个故事:一位老和尚为了选拔理想的衣钵传人而设想了一道非常奇妙的考题。一天,老和尚对一胖一瘦两个得意门生说:"出去给我拣一片你们最满意的树叶回来。"两个徒弟遵命而去。没过不久,胖和尚就回来了,递给师傅一片并不是很漂亮的树叶,对师傅说:"这片树叶虽然不完美,但它是我看到的最好的树叶。"而瘦和尚在外面转了半天,最终却空手而归,他对师傅说:"我见到了很多很多的树叶,但怎么也挑不出一片最完美的,所以没有一片是我最满意的。"

那么,考试的结果是怎样的呢?可想而知,胖和尚成了衣钵的传人,因为他更懂得万事随缘,世上本无完美之事的道理。

也许,在生活中,我们都会遇到这样的情景,一心只想尽善尽美,最终常常是两手空空。"拣一片最完美的树叶",人们的初衷总是美好的,但是如果不切合实际地一味找下去,最终往往只会吃尽苦头,直到有一天你才会明白:为了寻求一片最完美的树叶而失去许多机会,是得不偿失的。况且,人生中最完美的树叶又有多少呢?

天空不够完美,因为它有时布满阴霾,甚至出现狂风暴雨。大海不够完美,因为它总是呈现惊涛骇浪,甚至卷人入底。米洛斯的维纳斯不够完美,因为她失去了双臂。可以说,每个人每个事物都是被上帝咬过一口的苹果,都有一丝小小的缺憾,只要你不苛求,就会发现天空是那么蓝,大海是那么阔,维纳斯是那么美。

居里夫人说:"完美催人奋进,但苛求反而成为科学进步的大敌。"人世间许多的悲剧,正是因为一些人热衷于追求虚无缥缈的最完美的树叶,而忽视了平淡的生活。其实,平淡中往往也蕴含着许多伟大与神奇,关键是看你以什么样的态度去面对它。

生活中的"完美",只是一种"好"的程度,而真正的完美是不存在的。不管是什么猫,能捉耗子的都是好猫;不管西瓜圆不圆,味道甜的就是好瓜。在生活中,不要妄想什么"完美",只要你过得充实、精彩,在幸福的时候能发现并体验你的快乐,在痛苦的时候能回忆并审视你的过去,乐观地面对人生,你的生活就是完美的。

也许你会说,追求完美者也并非都是两手空空的,有的追求完美的人斩获颇丰,她们取得了令人羡慕的成绩,例如网球女选手维纳斯·威廉姆斯。

在 2004 年的法国网球公开赛上,女选手维纳斯·威廉姆斯取得了 17 场连胜的骄人战绩。她对记者发表胜利感言时说:"我还不够努力。有时候,我获胜心切;有时候,我求胜心又不够强;有时候,我不遵从教练的指导;有时候,我不听从自己的安排。我讨厌在任何事情上犯错,不仅是在球场上。"

可见,威廉姆斯不论是在球场上还是在生活中,都追求完美,不容许自己有丝毫错误。有人说,正因为威廉姆斯为自己设定了一个非常高的标准,她才能发奋图强,斩获佳绩,追求完美是她达到目标的健康动力。可是,加拿大哥伦比亚大学的心理学家保罗·休伊特说:"我并不这样认为","过于追求完美的人往往忽略了完美主义者脆弱的一面,譬如沮丧、厌食和自杀。"

休伊特和心理学教授戈登弗莱特自 20 世纪 90 年代开始研究完美主义。他们发现,完美主义者有不同的表现形式,但不管是何种类型的完美主义者,都有这样或那样的健康问题,譬如沮丧、焦虑和饮食紊乱等。但在很多人眼里,"完美主义者"这顶帽子并不难看,因为追求完美才能达到优秀。事实上,追求完美和追求优秀是两回事。

可以这样说，追求完美，有时也是一种错误，那是一种苛求，对自己是一种折磨。严格要求自己，不断完善自我是必要的，但不要苛求，学会善待自己，才是应该努力的方向。

完美是一种美丽的构想，但又有谁能达到十分完美的境界呢？人生的价值在于追求，追求完美，追求现在比过去好，追求未来比现在好，可什么都只能近乎完美，并不能向我们想象得那么完美。所以，亲爱的女孩，要想拥有更轻松的生活，就必须学会不苛求生活中的琐碎小事，不追求完美，因为我们都不是完美无缺的。越是极早地接受这一事实，就越能极早地拥有轻松的心态。

好女孩，从来不记"仇"

阿根廷著名的高尔夫球手罗伯特·德·森多是一个非常豁达的人。

有一次森多赢得了一场锦标赛，领到奖金支票后，他微笑着从记者的重围中走出来，到停车场准备回俱乐部。这时候，一个年轻的女子向他走来，她向森多表示祝贺后，又说她可怜的孩子病得很重，也许会死掉，而她却不知怎样做才能支付起昂贵的医药费和住院费。

森多被她的遭遇深深地打动了，他二话没说，掏出笔在刚赢得的支票上飞快地签了名，然后塞给那个女子，说："这是这次比赛的奖金。祝可怜的孩子早日康复。"

一个星期后，森多正在一家乡村俱乐部进午餐，一位职业高尔夫球联合会的官员走过来，问他前一周是不是遇到了一位自称孩子病得很重的年轻女子。

"是停车场的孩子们告诉我的。"官员说。

森多点了点头，说是有这么一回事，又问："到底怎么啦？"

"哦，对你来说这是一个坏消息，"官员说，"那个女子是个骗子，她根本就没有什么病得很重的孩子。她甚至还没有结婚哩！你让她给骗了！"

"你是说她根本就没有一个小孩子病得快死了？"

"是这样的，根本就没有。"官员答道。

森多长长地吁出一吃，然后说："这真是我一个星期以来听到的最好的消息。"

森多拥有豁达的心灵，拥有一颗金子般的心，这让他对身边的事情充满宽容。当他听到被骗的消息后，没有暴跳如雷，没有抱怨，而是因为并没有人真的病重而释然。虽然说宽容他人并不容易，但我们并不能因为不容易而不去这样做。

有这样一个童话故事，很能说明这个问题。

据说，原先的啄木鸟与最普通最平凡的鹊雀们无异，也是有着短短的

第八章

要拥有正确的处世态度

157

喙，不惹人注目。那时的它很坏，有过许多不光彩的历史记录，让动物们很是讨厌。它曾偷过松鼠赖以过冬的食粮；也曾把小白兔种的萝卜践踏得不成样子；还曾把小熊的蜂蜜私自拿过来喝个精光……总之，它臭名昭彰。

小动物们再也忍受不了了，便求助于智慧神去降伏这个坏家伙。智慧神同情小动物们的遭遇，爽快地答应了。

智慧神找到了啄木鸟，对它说："我知道你是很有本事的。现在整个森林正面临着一场劫难，你能否出面处理处理呢？"

本来遭受着小动物们唾弃的啄木鸟此时居然得到了智慧神的恭维，自然是受宠若惊了。它也很想改变自己在小动物们心目中的看法，于是果断地答应去拯救面临劫难的森林。

这时候的森林正如智慧神所说的那样面临着劫难。究竟是怎么一回事呢？原来是一个万恶的精灵把数以万计的会飞会爬的虫子们撒向森林，企图以此逼退法力无边的对手。

看到密密麻麻的害虫在吞噬着森林，啄木鸟感到不寒而栗束手无策了。

智慧神不忍心看着森林受灾，也为了能让啄木鸟弃恶从善，便又一次出现在啄木鸟跟前，鼓励道："孩子，不用怕，努力去完成你的任务吧，我相信你一定能行！"这饱含期待的鞭策给了啄木鸟无穷的勇气。啄木鸟狠发毒誓，非要把森林里的害虫消灭个干净，否则绝不罢休。

啄木鸟开始行动了。一只只害虫被它吞进了肚子。啄木鸟越吃越有味，越吃越有劲。害虫们被逼得无路可逃了，有的干脆就钻进树干里去。啄木鸟这下可犯难了：该怎么办呢？

智慧神得知情况后，也很为啄木鸟着急，她亲自去求大善之神援助。

大善之神听了来意，便动用了法术，让啄木鸟的喙变得长长的，还带有一把尖钩。啄木鸟有了长而带钩的喙，啄吃起树干体内的害虫就方便多了。

森林又恢复了往日的生机，恢复了葱葱郁郁的景象。为了奖赏啄木鸟，大善之神没有收回啄木鸟的长喙，而是让其受用无穷。

看着啄木鸟的转变、成长，智慧之神欣慰地笑了。

其实，每个人都有自己不好的一面，每个人都难免犯错误，所以我们要宽恕他们的缺点，用一颗宽容的心和爱去唤醒他们。另外，我们还要知道，任何坏人都可以变成好人。

美国前总统林肯幼年曾在一家杂货店打工。一次，因为顾客的钱被前一位顾客拿走，顾客与林肯发生了争执，杂货店的老板为此开除了林肯。老板说："我必须开除你，因为你让顾客对我们店的服务不满意，那么我们将失去许多生意。我们应该学会宽恕顾客的错误，顾客就是我们的上帝。"

在许多年后，林肯当上了总统。做了总统后的林肯说，"我应该感谢杂货店的老板，是他让我明白了宽恕是多么的重要。"

对别人的缺点，要包容，包容才会让人有空间改过，而指责和批评，不但不会让人改过，只会让人更加难堪，并且也不会让对方更好。在生活当中，两个人能够相遇、相识，那便是缘分。如果你们因为仇恨而相识，不可否认的是，在你们的心里已经牢记住了对方的名字，如果你因为整天想着如何去报复对方而心事重重，内心极端压抑，那么倒不如放下仇恨，宽恕对方。或许，因此你可以多一个可以谈心的好朋友。

从前，吉柏和马沙是朋友。有一次，他们一起去沙漠旅行。两人行至一处山谷处，马沙失足滑落，幸而吉柏拼命拉他，才将他救起。马沙于是在附近的大石头上刻下："某年某月某日，吉柏救了我一命。"两人继续走了几天，来到一处河边，吉柏跟马沙为了一件小事吵了起来，吉柏一气之下打了马沙一耳光，马沙跑到沙滩上，写下："某年某月某日，吉柏打了马沙一耳光。"

当他们旅游回来后，吉柏好奇地问马沙，为什么要把吉柏救他的事刻在石头上，而把吉柏打他的事写在沙上。马沙回答："我永远感激吉柏救了我，至于他打我的事，我会随着沙滩上字迹的消失而忘得一干二净。"吉柏很是感动。

记住别人的优点，忘记别人的缺点，这是智者的做法，更是伟人的美德。亲爱的女孩，十几岁的你往往疾恶如仇，对身边人曾经犯下的错误一直记在心里。其实，这样是不对的，因为谁都可能犯错，只要肯改正，就值得宽恕。学会宽恕别人，就是学会善待自己。仇恨只能永远让我们的心灵生活在黑暗之中，而宽恕却能让我们的心灵获得自由，获得解放。宽恕别人，可以让生活更轻松、更愉快。宽恕别人，可以让我们有更多的朋友。宽恕别人，就是解放自己，还心灵一份纯净。我们说，"相逢一笑泯恩仇"是宽容的最高境界，不要记

着朋友过去的过错不肯忘记,只有学会宽容,才能让友谊之路更加宽广。

虽然说朋友之间犯错误是可能的,也许一些错误甚至极大地伤害过你,但是多年以后想起来,多数都是不值得记住的。朋友的伤害往往是无心的,而帮助却是真心的,忘记那些无心的伤害,铭记那些对你真心帮助的人,你会发现这世上你还有很多真心的朋友。

亲爱的女孩请记住,用一颗包容的心原谅朋友欺骗自己的心,是重新获得友谊的最好办法。人与人之间,只有真诚相待,才是真正的朋友。

接受批评就是提高自己

俗话说："良药苦口利于病，忠言逆耳利于行。"但人往往都是喜欢被人夸奖的，很少有人喜欢被别人批评。有时，别人的批评不是对我们个人本身的不满，而是对我们做事的不满，他们的批评是对我们的建议，并不是无中生有的挑剔。善意的批评可以让我们知道自己存在着哪些不足和缺点，以便能逐步弥补和改掉它们，从而使自己不断完善。

西方谚语说："恭维是盖着鲜花的深渊，批评是防止你跌倒的拐杖。"听惯了夸赞之词的人常常狂妄自大，只有虚心接受批评的人，才能改正缺点，提升自己。所以，我们必须养成虚心接受批评的习惯。

法国心理学家高顿教授通过一项专题研究证实：如果一个人从来没挨过批评，身边总是表扬声、赞美声，那么他一定会变成一个"糊涂的脆弱者"。他就不知道什么是对的，什么是错的，什么是自己的长处，什么是自己的缺点，他就不知道怎样扬长避短，怎样发展自己。同时，他会变得更脆弱，难以承受任何的外力和打击。

有一位香皂推销员，主动要求人家给他批评。当他开始为高露洁推销香皂时，订单接得很少，他一度担心自己会失业。后来，他确信产品或价格都没有问题，所以问题一定是出在自己身上。每当他推销失败后，他会在街上走一走，想想有什么地方做得不对，是表达得不够有说服力还是热忱不足。有时他会折回去问那位商家："我不是回来卖给您香皂的，我希望能得到您的意见与指正。请您告诉我，我刚才什么地方做错了。您的经验比我丰富，事业又成功。请给我一点指正，直言无妨，请不必保留。"他这个态度为他赢得了许多珍贵的忠告。他后来升任高露洁公司的总裁，他就是立特先生。

由此看来，批评对一个人的成功起着重要的作用。所以，任何人都要乐于接受批评。比尔·盖茨认为，一个人无论什么时候都要虚心接受批评，尤其是成长中的年轻人。然而不同的是，有的人刚愎自用，受不得半句批评；有的人虚怀若谷，有批评必一概采纳；有些人当面千恩万谢地接受，转个身却忘

得一干二净;有的人当面不认错,死要面子,背地里能小心地检讨。

亲爱的女孩,也许你的身上就存在着一个你不得不承认的事实:你同样不愿意接受批评。当然,这其中的原因是多方面的。在家里,你是"宝贝",父母舍不得批评你,怕你受委屈,他们为你撑起了整个天空;在学校里,你是"上帝",老师一般不会批评你,更不会打你,甚至变相的体罚老师也不会,他们实际上也成了你的"保护神"。

美国著名诗人惠特曼这样说:"难道你的一切只是从那些羡慕你,对你好,常站在你身边的人那里得来的吗?从那些批评你、指责你的人那里,你学来的岂不是更多?"所以女孩,不要害怕别人批评你,而要勇于接受批评,欣然接受批评。

不过,接受批评,这是一种最难培养的习惯。所以,如果有人批评你时,请不要先替自己辩护。事实上,没有人喜欢挨批评。在内心深处,我们都明白,批评是提高业绩,了解实情并避免做出错误决定的关键所在,但这是件痛苦的事。提出批评需要勇气,而接受批评则需要更大的勇气。能在事后感谢批评者的人,就是非常伟大的了。

那么,面对批评,我们应该采取什么样的态度呢?答案就是虚心地接受,小心地选择,衷心地采纳。

李特尔是18世纪德国地理学的开创人之一,他慷慨地提拔年轻的批评者——弗勒贝尔的故事是感人至深的。李特尔非但不嫉恨和打击这位鲁莽的批评者,反而把他的批评文章推荐给一家著名的学术刊物,而且他本人还在公开发表的评论里,对这位青年学者的"敏锐头脑"和"真挚思想"大加赞扬。后来弗勒贝尔来到柏林,李特尔还热情接待,为他安排当时他极为需要的工作。一位受人尊敬的学术权威,如此对待一位毫不客气地批评他的后生,真的值得我们学习。

亲爱的女孩,让我们认真坦然地面对批评吧。只有虚心接受批评,才能提高自己,才能锻炼自己。

昨天已经过去，今天才值得珍惜

我们都知道，时光不可倒流，我们不可能回到过去。然而，当一件不好的事情发生时，我们总习惯叹息"假如当初……"，其实，"假如当初"这种想法一开始就是个错误，因为，凡事没有绝对的对或错。假如我们选择了一条路，就无法确定如果选另一条路的结果会如何。假如当初我们做的是另外一个决定，那样或许就会更好吗？不一定，因为没有什么是绝对的。

亲爱的女孩，你想过吗？当我们说"早知道"的时候，就表示之前并不知道。既然是不知道，又能怎么选择呢？既然我们不是先知，无法预判下一时刻将要发生的事情。那么，我们的人生就不免会有很多遗憾。它们虽然无法避免，但我们却可以决定自己的态度。忘记过去的成功与失败，给自己一个全新的开始，我们便会从未来的朝阳里看见另一处成功的契机。

有个企业家，他把所有的积蓄和银行贷款全部投资在曼谷郊外一个备有高尔夫球场和 15 幢别墅的项目上，但没想到，别墅刚刚盖好时，时运不济的他却遇上了亚洲金融风暴，别墅一幢也没有卖出去，连贷款也无法还清。企业家只好眼睁睁地看着别墅被银行查封拍卖，甚至连自己安身的居所也被拿去抵押还债了。

情绪低落的企业家，完全失去了斗志，他怎么也没料到，从未失手过的自己，居然会陷入如此困境。他承受不起此番沉重的打击。在他眼里，只能看到现在的失败，不能忘记以前所拥有过的辉煌。

有一天，吃早餐时，他觉得太太做的三明治味道非常不错，忽然，他灵光一闪：与其这样落魄下去，不如振作起来，从卖三明治重新开始。

当他向太太提议从头开始时，太太也非常支持，还建议丈夫要亲自到街上叫卖。企业家经过一番思索，终于下定决心行动。从此，在曼谷的街头，每天早上大家都会看见一个头戴小白帽，胸前挂着售货箱的小贩，沿街叫卖三明治。

于是，"一个昔日的亿万富翁，今日沿街叫卖三明治"的消息，很快地传

163

播开来,购买三明治的人也越来越多。这些人中有的是出于好奇,也有的是因为同情,更多人是因为三明治的独特口味慕名而来。

后来,三明治的生意越做越大,企业家也很快地走出了人生困境。

的确,终日想着那些不幸的经历和已经错误的路途,只会加剧我们自身的伤痛,也只会让我们对未来的看法越来越黑暗,越来越嫉恨。只有忘掉它们,才能收获自己的崭新人生。

所以,亲爱的女孩,如果你现在正有什么事情困扰着你,请从记忆中抹去一切,只有把这些放下了、忘记了,你才能重新开始一种人生,所以,对于那些不幸的经历,唯一值得去做的,就是彻底将它们埋葬。

要知道,人生不可逆转,时光不能倒流。在过去的岁月里,我们难免留下了遗憾,偶尔回头去想想那些经历过的失误,也许对我们以后的人生、心态和行为会有一些纠正和指引。但是如果一味地沉溺于当初的痛苦之中,只会停止我们前进的脚步。

丹麦哥本哈根大学有一个学生叫里奥,有一年暑假,他去华盛顿观光。很可惜,刚到达华盛顿,里奥就发现钱包不见了,钱包里装有护照和现金。于是,他去向警察说明了情况。

第二天,钱包仍不知下落,而里奥的衣袋里只有几十元的零钱。他该怎么办呢?难道要到警察局坐等消息吗?"不,我应该愉快地过好今天。"他对自己说,"我不想做任何无意义的事情。我要参观华盛顿,因为我可能不再有机会来这儿了。"于是,他步行出发,参观了白宫和国会大厦,参观了一些博物馆,爬上了华盛顿纪念碑的顶端。

在他回国后的第5天,华盛顿警察局帮他找回了钱包。可以说,此次出行,他没有为自己留下什么遗憾。

假如我们能够像里奥那样,明白只有今天和此刻所做的才是真实的,彻悟昨天、今天和明天的时间关系,就不会沉浸于痛苦中不能自拔了。如果我们能把昨天看成是今天的经验、借鉴,把明天看做是今天努力的收获,就能在积极情绪的带动下把每一天都过得有意义。

所以,过去的就让它过去,因为我们的心承载不了太多的过去,不管是痛苦还是辉煌。就像一首歌曲里唱的,"让过去飘散在风中吧"。的确,人生就是不断重新开始的过程,随时都可以有新的开始、新的希望、新的天空。所以,任何时候都不要沉溺于过去的辉煌或者失败中,只有当下才值得珍惜。

亲爱的女孩,当你拥有青春的时候,你要懂得珍惜年华,努力上进;当你拥有健康的时候,你要想到爱惜身体,坚持锻炼;当你接受父母呵护和照顾的时候,你要想到总有一天你会失去这一切,独自承受生活的艰辛;当你绽开幸福微笑的时候,你要想到如果不去努力呵护这份友情,总有一天朋友会离你而去。不要在离别的时候,才发现相聚是如此的短暂,不要在失去的时候,才知道拥有是那么的幸福。

亲爱的女孩要记住,只有珍惜现在的拥有,才能让我们的生活多一份甜美,少一份遗憾,多一份幸福,少一份懊悔,让自己的未来成为现在的继续。

大智若愚才是真聪明

赵丽毕业那年,就业形势已经很严峻。在投下了几十份求职信后,好不容易有一家公司有了回应,可是当赵丽兴冲冲地去面试的时候,却发现已经有40多人揣着本科学历和各种证书聚集在公司门前,竞争几乎激烈到了短兵相接的地步。

闯过了初试和面试,赵丽进入了最后一轮考察:在人力资源部实习3天。

部长留给了赵丽一个任务,将公司去年的部分文件整理归类并在微机里建档保存。然而,就在赵丽忙碌了一天之后,下班前却传来了坏消息,总公司紧急通知暂停招聘新员工。

"这不是耍我们嘛!"参加实习的其他学生纷纷跑到部长办公室表示不满。直到下班前,焦头烂额的部长才送走了最后一个愤愤不平的学生。回到办公室,却发现赵丽还在成堆的文件里忙碌着。部长很客气地说:"真不好意思,让你白忙活了一天。没办法,这是总公司的临时决定……下班了,快回家吧,你明天就不用来了。"赵丽站起身来,说:"没什么,只是这些文件我都整理了一半了,如果换成别人又要从头开始。活儿没干完心里不踏实,我明天再来,一个上午就足够了。"

朋友都说赵丽傻,与其给人家白白出力,还不如抓紧时间找别的工作。赵丽只是微微一笑,到了第二天中午离开的时候,留下的是一排排装订好的文件夹和一间整洁的档案室。

两个月后,求职屡屡碰壁,只能在小店打零工的赵丽接到了一个电话,是那位部长打来的,说现在公司有职位邀请她前去应聘。原来,部长在向公司经理汇报招聘情况的时候,特别提到了赵丽的表现。经理对这个"最傻的求职者"印象很深,指示部长留下了她的联系方式。当公司完成调整,重新招聘员工的时候,部长第一个电话就打给了赵丽。就这样,在同学羡慕的目光里,赵丽重新迈入了这家公司的大门。

亲爱的女孩,也许你觉得自己是最聪明的,并且觉得要把这种聪明表现出来才是本事。可是你并不知道"强中自有强中手"、"人外有人、山外有山"的道理,总有人比你更聪明、更智慧,他们之所以没有表现出来,是因为他们明白,大智若愚才是真的聪明,才是智慧的真境界。

　　有句话说得好,愚蠢的人,别人会讥笑他;聪明的人,别人会怀疑他。只有既聪明而看起来又愚笨的人,才是真正的智者。宋代大文豪苏轼说:"大勇若怯,大智若愚。"大智若愚的人,或者"采菊东篱下,悠然见南山",或者身居闹市仍心凉如镜,就算身居官场商界,仍能以出世的精神干入世的事业,一切功名利禄,他们都拿得起,放得下。

　　大智若愚在生活当中的表现是不处处显示自己的聪明,做人低调,从来不向人夸耀自己、抬高自己,遵循的做人原则是厚积薄发、宁静致远,注重自身修为、层次和素质的提高,对很多事情持大度开放的态度,有着海纳百川的境界和强者求己的心态,从来没有太多的抱怨,能够实实在在地踏实做事,对于很多事情要求不高,只求自己能够不断得到积累和进步。

　　一个很有智慧的人,你很难见到他有什么锐利之处,因为大智者从来不以大刀阔斧、慷慨激昂表现自己,也从来不刻意显示自己有强大的力量,因此他也不会因为强大力量的反作用力而被击倒。大智者虽然看似不强大,却能促成事物的成功或发展,这是因为他的柔性中潜藏着足够的变通。一个懂得凡事留有余地并充分利用余地的人,最有可能成为成功者。反之,一个自以为聪明其实却斤斤计较的人,往往最容易碰壁、失败。所以说,做人呆呆,处事聪明,不失为一种上佳的处世姿态。

　　曾经,有这样一个又文静又怕羞的孩子,人们都把他看做是傻瓜。

　　镇上的人常常喜欢捉弄他。他们经常把一枚五分的硬币和一枚一角的硬币扔在他面前,让他任意捡一个。这个孩子总是捡那个五分的,于是大家都嘲笑他。

　　有一天,一位妇人看到他很可怜,便对他说:"孩子,难道你不知道一角要比五分值钱吗?""当然知道,"这个孩子慢条斯理地说,"不过,如果我捡了那个一角的,恐怕他们就再也没有兴趣扔钱给我了。"

　　现在,我们处在一个越来越开放的时代,人人争先恐后地显才露能,人

167

人梦想着出人头地、扬名立万。在这大好的形势下,如果你也耐不住寂寞,处处显山露水,争着炫耀自己,想尽办法成为别人妒羡的目标,那么,在你的虚荣心不断得到满足的时候,你就离失败越来越近了。其实,当人自以为聪明时,其实正显出愚昧和无知。女孩,让我们多以柔和谦卑的态度与人相处呢,那才真正是智者的作为。

低调的女孩更容易保护自己

俗话说，初生牛犊不怕虎。然而，女孩们一定要注意，这是指做事方面。对于做人，女孩们还是信奉另一句话为好："低调是一种做人的艺术"。

低调为人处世，顾名思义就是做人做事要谨慎、低调、不张扬，不刻意显示自己。这既是一种人生态度，更是一种处世的智慧和人格魅力。

一天，富兰克林去一位老前辈的家中做客，他昂首挺胸走进一座低矮的小茅屋，一进门，"嘭"的一声，他的额头撞在门框上，青肿了一大块。老前辈笑着出来迎接说："很痛吧？你知道吗？这是你今天来拜访我最大的收获。一个人要想洞明世事，练达人情，就必须时刻记住低头。"富兰克林记住了这一人生的进退之道，最终获得了事业上的成功。

低调做人，是一种品格，一种姿态，是做人的最佳姿态。欲成事者必要宽容于人，进而为人们所悦纳、所赞赏、所钦佩，这正是人能立世的根基。而低调做人就是在社会上加固立世根基的绝好姿态。低调做人，不仅可以保护自己、融入人群，与人们和谐相处，也可以让人暗蓄力量、悄然潜行，在不显山不露水中成就事业。

我们说的低调，实际上是指在条件不成熟时，潜心努力，积蓄能量，蓄势待发，为下次机遇的到来做准备。这样的低调，是摒弃浮躁的心态，沉入生活的底层，返璞归真，实实在在地做人，勤勤恳恳地做事。这样的低调，是聪明人明智的选择；是普通人正常的生活基调。

或许，在大多数女孩眼里，低调的生活态度是没有远大理想，目光短浅，精神颓废，缺乏自信的表现。事实上，低调不是精神颓废，颓废的人没有追求和理想，面对生活的不幸，缺乏必要的意志来改变自己的命运。而在低调者看来，苦难与不幸只是生命航程中必不可少的风景，人的命运掌握在自己的手中，只要脚踏实地地追求，就能让自己抵达圆满的彼岸。同时，低调的人也不缺乏自信，他们对自己有一个清醒的认识，不愿为时过早地轻易下结论，不愿对事情的发展进行盲目乐观的估测。

低调是一种显示为柔弱,但是却比刚强更有力的生存策略。低调的人表面上常常给人一种懦弱的感觉,但低调绝不是懦弱的标志,而是聪明持久的象征。因为只有低调,才能成就大事,铸就辉煌。

低调的本质是一种宽容。低调者首先放弃炫耀自己,不愿将自己强过别人的方面表现出来,这是对其他人的一种尊重,是对不如自己的人的一种理解。低调的人相信,给别人让一条路,就是给自己留一条路。

所以,我们应该保持低调。低调是正确认识自己,是一种诗意栖居的智慧,是一种优雅的人生态度。在生活中,人们似乎总想寻觅一份永恒的快乐与幸福,总希望自己的付出能够得到相应的回报,然而生活并不像我们所想的那样顺畅,当你的努力被现实击碎,当你的心灵逐渐由充满激情走向麻木的时候,你感受到的可能只是深深的苦闷与失望。然而,在低调者看来,这只是生活对自己的一次拷问。

低调的人比一般人经历更少痛苦的原因在于他们知道如何避免失败,他们不会用种种负面的假设去证明自己的正确。低调是一种优雅的气质,保持低调,我们才能真正享受生存的快乐。

低调对于女孩来说是一种修为,是一种对人生的理解,意味着把自己调整到一个合理的心态去踏踏实实做人。当然,这其中包含了很多值得人们好好品味的内容。

首先,在姿态上要低调,"大智若愚,实乃养晦之术",时机未成熟时,要挺住;毛羽不丰时,要懂得让步。所谓"高处不胜寒",低调做人也未尝不是件好事。

其次,在心态上要低调,不要恃才傲物,不要锋芒毕露,要知道谦逊是终生受益的美德。

第三,在行为上要低调,"财大不可气粗,居高不可自傲",做人不能太精明,免得"机关算尽太聪明",乐极生悲。

第四,在言辞上要低调,不要揭人伤疤,要懂得祸从口出的道理,说话时不可伤害他人的自尊,得意时不要忘形,不要逞一时口头之快,给自己惹上麻烦。

低调做人,不是指奴颜婢膝,低声下气,而是指要始终把自己当成普通的一分子,使自身融入到大众中去,融入到社会中去,不自命不凡,不追名逐利,为人处世不张扬。

亲爱的女孩,学着低调做人,学着用平和的心态来看待一切吧。修炼到此种境界,为人便能善始善终。所谓三年不鸣,一鸣惊人,既可以让人在卑微时安贫乐道,豁达大度,也可以让人在显赫时不娇不狂。

妥协是一种必不可少的办事智慧

人生活在这个世界上,有好多事情,经过努力是完全可以实现的;也有好多事情,经过努力也是无法实现的。对于不能躲避和选择的,我们只能接受并在现实的基础上尽量改变它,而在这个过程中,需要学会妥协。

亲爱的女孩,多年来,我们在接受教育的时候,总是被灌输刚强的精神,如顽强拼搏,如不屈不挠,如勇往直前,但却忽视了柔弱的一面。我们总认为妥协就是柔弱,柔弱就是没有力量,其实不对,柔弱也是一种力量,而且有时来得比刚强更有力道。

水是柔弱的,刀是锋利的,可抽刀断水水更流;水是柔弱的,石头是坚硬的,可滴水可以穿石。这个世界的生存法则是物竞天择,适者生存。请注意,是适者,而不是强者;是适应的适,而不是强硬的强。

大树是强壮的,小草是柔弱的,但在飓风下倒下的是大树而不是小草;恐龙高大,在地球上绝迹最早;蜥蜴弱小,可它适应环境,在地球上生存了万年……

有人说,适当地妥协,可以为你赢得时间,赢得机会,赢得主动,赢得未来。适当地妥协,可以使你在人际交往中,显得不计较、不较真,可以为你赢得好的心情和人际环境。

曾看过一则报道:美国有一位登山运动员不远万里来到珠穆朗玛峰脚下,他已经准备了多年,准备爬上顶峰,一举成名。但当他爬到 7000 米时,山上的气候发生了变化,当时他的体力依然充沛,完全有能力爬到山顶,但他依然选择了妥协、退却。有人表示遗憾,他却说,在冒险和生命之间,我只能选择生命,因为有了生命,我依然还能爬山,没了生命,也就没了一切。

其实,在 2500 年前,老子就给出了答案。他说:"名与身孰亲?身与货孰多?得与亡孰病?是故甚爱必大费,多藏必厚亡。知足不辱,知止不殆,可以长久。"

生命里走过的痕迹,留下多少让步的脚印,可能连我们自己都记不清楚了,在妥协中,更多的是需要承受。

妥协既是一种境界,同时也是一种智慧。亲爱的女孩,当你学会妥协的时候,你的心灵就得到了锤炼,你承受着生命中的极限压力,所以在遇到大事情的时候你能临危不惧。

自作聪明的人,往往会被聪明所误。常言说,冤家路窄。在人生的路途上,我们难免与冤家狭路相逢。如果两个人都是傻瓜,彼此逞强,互不让步,结果就是两败俱伤,谁也占不到便宜。若是其中有一个智者,他们则会顺利通过。若两人都是智者,他们会大路朝天,各走一边。

有一次,歌德到公园散步,在一条狭窄的小路上,与一位反对他的批评家相遇。那位批评家傲慢无礼地说:"知道吗,我从来不给傻瓜让路。"歌德笑道:"而我正好相反。"说完,他闪到大路一旁,让批评家先过去。

当然,妥协并不是没有原则的。东郭先生对狼的让步就是不足取的。妥协,在合理的范围之内是宽容,是新生,超过了界限,就是迁就,是危险。不过,亲爱的女孩要记住,妥协是一种必不可少的办事智慧。该妥协时,坚持是愚蠢的;该坚持时,妥协是愚蠢的。针锋相对,只能让自己陷入被动和僵持,而妥协才是灵活的处事方法。

第九章

寻找到值得自己珍惜的友谊

ZHE
YANGZUO NVHAI
ZUIYOUXIU

友谊是一座架起情感的桥梁，使你我沟通，心心相印，成为挚友。友谊是我们生命中的一部分，它是跟友人相连的一根心弦，缠绵不断，源远流长，谱写出一首首悠长而又耐人寻味的高歌。

亲爱的女孩要明白，朋友之间的友谊不是凭空而来的，需要你用心呵护，需要你用一颗真心对待。

要学会选择值得交的朋友

友谊对人的重要性是毋庸置疑的,这点我们都深有体会。可以说,它影响着我们的方方面面,不管是生活、工作还是学习,甚至是心情、心态等。只要你还想在这个社会上生存,你就不会和它脱离关系。

美国一个心理学家说,一个人如果能够随口说出五个朋友的名字,那么,他就是幸福的人。人们常说:"在家靠父母,出外靠朋友","朋友多了,路好走"……这些都说明了朋友在我们生活中的重要作用。

我们经常说:"近朱者赤,近墨者黑。"好朋友,可以成就一生的辉煌;而不好的朋友,可能贻害我们的一生。

那么,我们应该怎样选择朋友呢?《论语》给出这样的答案。孔子说:"益者三友,友直、友谅、友多闻。"

第一,友直。直,指的是正直。这种朋友为人真诚,坦荡,正直,人格朗朗,没有马屁之色。这种朋友的人格可以影响你的人格,可以将其看做是好朋友。

第二,友谅。《说文解字》说:"谅,信也。"信,就是诚实。这种朋友为人诚恳,与这样的朋友交往,我们的内心是妥帖的,安稳的,我们的精神能得到一种净化和升华。

第三,友多闻。这种朋友见闻广博,阅历丰富。朋友的知识、经历可以成为自己的经验,可以让自己少走弯路。

《论语》告诉我们,值得交往的朋友是:正直的朋友,诚实的朋友,知识渊博的朋友。孔子认为,朋友应该是在精神上、人格上、内涵上使我们得到丰富的人。同时又说有三种人不值得我们同他交朋友,即"损者三友",也就是友便辟,友善柔,友便佞。便辟,指喜欢拍马屁的人;善柔,指两面派的人,也就是那些在你面前赞美你,在别人的面前狠狠踩你,见人讲人话,见鬼讲鬼话的人。便佞,指的就是言过其实、夸夸其谈的人。

既然有益友和损友,那么我们怎样才能交到益友呢?

要想交上好朋友,不交坏朋友,需要两个前提:一是意愿,二是能力。在孔子的理念里，前者叫做"仁"，后者叫做"知（智）"。

所谓"仁"，在孔子看来就是"爱人"。真正爱他人就是仁；所谓"知（智）"就是"知人"。了解他人就是有智慧。

然而，知人之难，虽不能说是难于上青天，可很多人却没有解决好这个难题。究其原因，一个难点在于人心隔肚皮，难以将其彻底看透。有的人外貌温厚和善，行为却骄横傲慢；有的人貌似长者，其实是奸人；有的人外貌圆滑而内心刚直，表面上像一盆火，背地里却握着刀；脸上露着笑容，脚底下却使绊子。

因此说，要想分辨出好朋友和坏朋友，必须要留心观察朋友的言行，从小事上去预测大事，那些在小事上不能做到"诚"、"信"、"义"的绝不能共议大事，必须要尽早从朋友的行列中剔除。这方面，吕元膺从小处识人的做法就很值得我们学习。

据《玉泉子》一书记载，吕元膺任东都留守时，有位处士常陪他下棋。有一次，两人正对局，突然来了公文，吕元膺只好离开棋盘到公案前去批阅公文，那位棋友趁机偷偷挪动了一个棋子，最后胜了吕元膺。其实吕元膺已经看出他挪动棋子了，只是没有说破。第二天，吕元膺就请那位棋友到别处去谋生。

吕元膺以一棋子认人，可谓识人于微，毫厘不爽。这里面有什么玄奥的道理吗？没有，古人说："不矜细行，终累大德"，"道自微而生，祸自微而成"。一个人的思想素质和道德品质如何，并不一定要等到这个人犯了大错误才显示出来，其实从这个人对很多细小问题的处理上就有所反映。

识人本应于细微处，但现实生活中仍有不少人忽视这一点，以致犯下用人失察的错误。比如宋朝的蔡京，在王安石执政推行新法时，他积极响应，从而得到王安石的信任和提拔。当王安石失势时，他便很快投身到保守派一边，反对改革。其实蔡京这个人向来就爱耍两面派，而王安石却疏于对其进行细微处的考察，以致上当受骗。

总之，亲爱的女孩要记住，交朋友很重要，但是只有交到好朋友才能让自己也获得进步和提高，要是交到损友的话，你也会跟着损友变质。所以，从开始交朋友时，就要学会分析，学会分辨，交到真正的好朋友。

友谊之花需要用真诚去浇灌

在这个世界上，没有朋友的人是孤独的，因为没有人可以与他分享快乐，也不会有人与他共担风险。他的心灵会在一天天的沉默和封闭中枯萎，不能够感觉到快乐和温暖。所以从这个意义上来说，我们每一个人都是需要朋友的。很多时候，朋友带来的真诚慰问，总是能够拂去你心中不快的阴影，让你感受到春天阳光般的温暖。

德国著名诗人海涅曾经写过一封别具一格的信，而这封信为他赢来了一段平淡却长久的友谊。海涅曾经收到过一封来信，寄信人是一位很久没有联系过的朋友路易，信封里装的是一大捆厚厚的白纸。海涅耐心地将一层一层紧紧包裹着的白纸打开后，里面有一张小小的纸条，上面工整地写着一句话："亲爱的海涅，好久没有和你联系了，我很想你。最近我的身体很好，胃口也特别好，请你不要挂念！你的路易。"

海涅看后非常高兴，立即给自己的朋友回信。可是路易收到的回信却是一个大箱子，于是不得不请人帮忙抬进来。打开箱子后发现，里面装的竟然是一块大石头，石头旁边有一张卡片，上面写着："亲爱的朋友，很高兴听到你身体健康的好消息，一直压在我心上的大石头终于掉了下来，现在我把它寄给你，当做纪念吧！"

这样热情和真诚的友情实在令人感动和羡慕。女孩，如果在你的生命中也能够拥有这样的朋友，那真的是一种莫大的幸运和幸福。

其实，人与人之间的关系，隔着的不是铜墙铁壁，而是一道一捅就破的纸墙。不管这个人怎么孤傲，也依然需要朋友。对于女孩来说，朋友比闺中密友广泛。真正的朋友应该是可以不分性别，不论年龄的，真正的朋友之间的情谊也应该是互相支持，互相鼓励，还能互相帮助的。

然而，又时常听到女孩子们感叹，要结交到这样纯粹的朋友很难，要结交很多这样的朋友更难。其实，大多的原因是，我们没有把握住结交的机会，或者是我们自己根本没想要去结交。

要想拥有真挚的友谊,就必须要真心诚意地关心别人。心理学家研究表明,一个人只要真心对别人感兴趣,在两个月内就能比一个要别人对他感兴趣的人在两年内所交的朋友还要多。你如果真诚地对待自己的朋友、同事或陌生人,他们同样也会以真诚来回报你。

所以,亲爱的女孩,你必须付出你的真诚,用关爱和信任去维系你们的友情。你要知道,一个态度缺乏真诚的人是不会有朋友的。听说过这样一个故事:

有一个老人静静地坐在一个小镇郊外的马路边。

一天,一位陌生人开车来到这个小镇,看到了老人,停下车打开车门,向老人问道:"老先生,请问这个城镇叫什么名字?住在这里的人都怎么样?我正在寻找新的居住地。"

老人抬头看了一眼陌生人,回答说:"你能不能告诉我,以前你居住地的人们都怎么样吗?"

陌生人说:"别提了,那正是我想搬到一个新环境的原因。那些人毫无礼貌、待人一点儿都不真诚,我相信任何人住在那里都难以忍受,反正我从来没有觉得他们可爱过,也没有感受到多少快乐……我希望这里的人都是好人。"

老人回答说:"先生,恐怕你又要失望了,这个镇上的人和他们完全一样。"

陌生人怏怏地开车离开了。

过了一段时间,另外一位陌生人来到这个镇上,向老人提出了同样的问题:"住在这里的人们怎么样?"

老人同样反问他:"以前和你居住在一起的人怎么样呢?"

陌生人回答:"哦!他们都非常友好,非常善良和真诚。我和家人在那里度过了一段美好的时光,但是,我现在换了一份新的工作,不得不离开那里,我特别希望能找到一个和以前一样好的小镇。"

老人说:"幸运的年轻人,这里的人都和你们那里的人一样友好而真诚,他们会非常喜欢和你相处的。"

亲爱的女孩,你知道为什么这两个年轻人的问题一样,得到的回答却截

然不同的原因吗?

其实,并不是老人有意欺骗了他们中的谁,而是事实的确如此。如果你能礼貌地真诚地对待别人,别人也会同样对待你;反之,如果你的态度恶劣,别人对你也不会怎么友好。

亲爱的女孩,朋友之间相处也是如此。你要明白,真诚是一种美德,是一种境界,也是每个人应具备的交际品质。我们每个人在交往中最喜欢的人,其品质往往是真诚的。只要把真诚的心交给他人,就会收获真诚的果实。

所谓真诚,就是在他人面前表现出本真的自己,不用夸张的辞藻对自己进行修饰和美化。犯了错误的时候,也不要为自己辩解,而是主动地承认错误并加以改正。真诚的人,往往还有其他的好品质。比如,懂得尊重他人,注重礼节,讲究信誉等等。拥有了这样的好品质,身边自然会有很多朋友。

亲爱的女孩要记住,人与人之间交往,要想达到和谐友好的境界,就必须以互相真诚为前提。如果你自以为聪明,要心计去算计朋友,那么朋友必然会弃你而去。

信任，结交挚友的黄金法则

公元前4世纪，在意大利，有一个名叫皮斯阿司的年轻人触犯了国王，被判绞刑，在某个法定的日子要被处决。

皮斯阿司是个孝子，在临死之前，他希望能与远在百里之外的母亲见最后一面，以表达他对母亲的歉意，因为他不能为母亲养老送终了。他的这一要求被告知了国王。

国王感其诚孝，决定让皮斯阿司回家与母亲相见，但条件是皮斯阿司必须找一个人来替他坐牢，否则他的愿望就不能实现。这是一个看似简单其实是不可能实现的条件，似乎没有谁肯冒着被杀头的危险替别人坐牢。但是，皮斯阿司的朋友达蒙愿意帮助他达成心愿。

达蒙住进牢房以后，皮斯阿司回家与母亲诀别。人们都静静地看着事态的发展。时光如水，皮斯阿司一去不回头。眼看刑期已至，皮斯阿司也没有回来的迹象。人们一时间议论纷纷，都说达蒙上了皮斯阿司的当。

行刑日是个雨天，当达蒙被押赴刑场之时，围观的人都幸灾乐祸，嘲笑他的愚蠢。但刑车上的达蒙，不但面无惧色，反而有一种慷慨赴死的豪情。

追魂炮被点燃了，绞索也已经挂在达蒙的脖子上。有胆小的人吓得闭紧了双眼，他们在内心深处为达蒙深深地惋惜，并痛恨那个出卖朋友的小人皮斯阿司。

但是，就在这千钧一发之际，在淋漓的风雨中，皮斯阿司飞奔而来，他高喊着："我回来了！我回来了！"

这真是人世间最最感人的一幕，大多数人都以为自己在梦中，但事实不容怀疑。这个消息宛如长了翅膀，很快便传到了国王的耳中。国王闻听此言，也以为这是痴人说梦。

国王亲自赶到刑场，他要亲眼看一看自己优秀的子民。最终，国王万分喜悦地为皮斯阿司松了绑，并亲口赦免了他的罪。

梭罗曾说："伟大的信任产生在伟大的友谊之上，友谊是信任的基础。"

第九章　寻找到值得自己珍惜的友谊

亲爱的女孩,在我们的生活和工作中,你要学会信任别人。因为信任别人是一件美好的事情,信任别人可以得到他人的信任,信任别人可以为友情加温。

据说古代有位宋元君,听说了一位石匠的趣事。那位石匠帮人家干活,他的一个朋友的鼻子上沾了一滴白泥灰,薄如蝉翼。当然,此时洗一把脸就可以抹掉,可石匠的朋友嫌费事,拉过石匠来帮忙。只见石匠抡起大斧子一声呼啸,白泥灰被削得干干净净,鼻子却连根汗毛都没损伤。

宋元君听得津津有味,决定见识一下石匠的技艺,于是就派人将石匠找来。这位宋元君给自己的鼻子上也抹了一块白泥灰,并要石匠帮他把白泥灰砍下来。

"这怎么能行?"石匠大惊失色,"斧子抡起来,有万钧之力,差之毫厘,就会出人命,请问国君真的相信我不会失手吗?即使我不会失手,难道你真的自信你面对大斧子能一动不动吗?"这些话宋元君却一点没有料到,傻愣愣地呆坐在座位上说不出话来。

亲爱的女孩,在任何时候,你都要做好信任别人的准备。对他人的信任建立在了解的基础上,了解包括两个方面,既要了解别人,更要了解自己。了解别人不容易,但很多时候了解自己更难。就像这位宋元君,他对这个石匠的了解是建立在道听途说的基础上的,到了关键时刻心里就没了底气,面对危险,就不再有尝试的欲望了。

另外,你还要明白,信任也是有风险的。信任别人,自己就要勇于承担风险。我们经常听到"疑人不用、用人不疑"的话,说的也是这个道理。其实,用任何人都会有风险,只不过是风险的大小不同罢了。

信任,应该说是朋友相处的最好的添加剂,它能使朋友之间的友谊永远保持旺盛的生命力。不过,朋友从相识、相知到"生死之交",并相互信任,并不是短时间内就可以达到的。所以说,既然要做信任朋友的人,就不要变成多疑的人。因为,多疑的人总觉得别人瞧不起自己或别人在搞自己的鬼,总是把注意力集中在对外界的防卫上,心里也会背上沉重的包袱。

古代有这么一个故事。多心的王老汉丢了斧子,他怀疑是隔壁的李四所为。于是,他每天都偷偷地观察李四,越看越觉得这个邻居像小偷,甚至连李四走路的姿态、说话的神态都感觉十分别扭。过了几天,王老汉在家中的某个角落里找到了自己的斧子。从那以后,他再看李四的言谈举止,却怎么也不像是偷斧子的人了。

友谊的基础是信任,没有信任的友谊就如沙堆上的楼房,不用多久就会倒塌。朋友之间没有信任,轻会导致分手,重则酿成不可挽回的悲剧。多疑的人永远不会有自己的朋友,所以我们也不要与多疑的人交朋友。多疑只会破坏朋友间的感情,甚至产生不好的结果,所以在结交朋友的时候要牢记,多疑的人最好不要结交。

亲爱的女孩,你在交友的过程中要学会判别,要有甄别的意识,不要什么人都往自己身边拉。要避免与多疑的人成为朋友,你的身边才更安全。同样,我们在与朋友交往时也要避免用怀疑的眼光看人。总之,要怀着一颗信任的心去看待朋友,就能品尝到友谊之花的甜美。

勇于道歉，为化解小矛盾走出第一步

在日常生活中，因为一些鸡毛蒜皮的小事，曾经亲密无间的好朋友变成陌路人的例子并不少见。面对破裂的友谊，很多人心头都有道不尽的遗憾："如果我当时能主动和他道歉，或许结果就不是这样了。"

可是，在现实生活中，向朋友道歉却成了很多人心中一道无法逾越的鸿沟。其中一个重要的原因就是，我们通常会将道歉这件事和自己的"面子"、"自尊"挂上钩，认为自己如果主动道歉，会有损自己的尊严。

亲爱的女孩，你大可不必这样，因为真正的友谊永远比面子重要，所以不妨试着走出道歉的第一步。

心理学上有个名词叫"心理炒股"，说的是很多人总倾向于将生活中遇到的某件事肆意夸大，使其成为自己思想中压倒一切的东西。当带着这种心理偏差去评价某件东西时，我们就会像炒股票一样，将这件事的作用越炒越热，大大超过了这件事本身的价值。当我们将道歉这一行为的后果和"丢面子"、"伤自尊"挂上钩时，实际上就是在心中肆意地炒作道歉的不良后果，同时，我们也会被自己炒作的结果吓倒，而不敢去道歉。

另外，不愿向别人主动道歉，也表达了很多人的逃避心理，这和我们成长的背景是有关系的。比如，小时候，打碎了一只花瓶，我们主动承认错误，可是依然换来父母的责骂。如果不去承认是自己的错误的时候，反而能免于责备。于是在不知不觉中，当遇到需要承认错误的事情时，我们本能的反应就是去逃避，似乎这样可以避免很多不良后果。其实这是心理不成熟、不敢承担责任的一种表现。

也许你会说，自己实在是一个不善于表达感情的人，说一句简单的"对不起"实在比登天还难，这是因为我们将主动道歉理解得太狭隘了。实际上，我们完全可以通过行动去表达歉意，比如，你可以主动关心对方或是在聊天时很随意地解释自己的行为。要明白，主动道歉是对自己的行为负责，是将自己放在处理双方关系的主动位置。

著名的军事家孙子说过这么一句话："过也，人皆见之；更之，人皆仰之。"每个人都不可避免地会做错一些事情。做错了事情并不可怕,只要能够改正错误,及时向他人道歉,还是会得到别人的谅解的。

有些女孩子爱叽叽喳喳,与人交往,难免不说错话,不做错事,也就难免会得罪人,有时甚至会给他人带来精神上的痛苦和经济上的损失。对此,如果能及时认识到自己的错误,诚恳地向人家道歉,并主动承担责任,在一般情况下,是能得到别人的原谅的。反之,如果你发现自己错了,却不及时向别人道歉,甚至千方百计找借口为自己辩解,结果不仅得不到别人的谅解,相反还会受到道德上的谴责和人格、形象上的损害,使你失去朋友、失去友谊。因此,任何人都不要小看道歉的作用。

真诚地向别人道歉,是一个明智之人的明智之举。这就意味着,他要改正自己的错误。但是,道歉也要注意方式,道歉一定要诚恳,语气一定要真诚,否则就起不到道歉的效果。

美国公关专家苏珊亚曾说:"学会道歉是一个重要的社会技能,真诚的道歉将会使人们感受到人与人之间最美好的情感。"所以,我们要学会真诚地向别人道歉。那么,怎样才能做到真诚地道歉呢?应该做到以下几点:

首先,要有一个正确的态度。只有态度诚恳,人们才会接受你的道歉。如果你只是迫不得已,敷衍了事,那么道歉就不会起到好的作用。在道歉的时候,一定要用真挚的语气,诚挚的态度。只有这样,才能够得到别人的谅解。一位学者曾经说过:"在我最初的记忆中,母亲对我讲过,在向人道歉的时候,眼睛不要看着地上,要抬起头,看着对方的眼睛。这样对方才相信你是真诚的。"

其次,道歉要堂堂正正,不能躲躲闪闪。道歉是一种光明正大的事情,所以没必要躲躲闪闪,羞羞答答。但是也没必要夸大其词,一味往自己脸上抹黑,否则,别人不仅感受不到你的真诚,反而会觉得你很虚伪。

再次,道歉一定要及时。即使不能够马上道歉,日后也要找准时机及时表示自己的歉意。及时道歉,可以在很大程度上弥补自己因言行不当而带来的不良后果。

总之,亲爱的女孩要明白,道歉不仅不是一件丢脸的事情,真诚的道歉,反而会更能体现一个人良好的人品与修养。道歉不仅不会有损你的人际关系,真诚的道歉,将为你赢得更多的知心朋友。

女孩，请守护朋友的秘密

在现实生活中每个人总有些属于个人隐私的东西，这些"隐私"，知道的范围不能太广，有的就只能在自己与挚友之间"你知、我知"。当你有困惑的时候，会向朋友倾诉，同样，当你的朋友遇到问题时，也会找你帮忙。然而，当你们的关系很紧密、相互知道彼此的很多秘密的时候，请千万注意，不要泄露朋友的秘密，不然你将丧失一段可贵的友谊。

朋友之间必须患难共济，那才能算得上是真正的友谊。你有伤心事，他也哭泣；你睡不着，他也难安睡。不管你遇上任何困难，他都心甘情愿与你分担。袒露心境是快乐无比的，没有"言多必失"之忧的是知心朋友。为朋友不必要非得"两肋插刀"，但却一定要做到"守口如瓶"。要记住，朋友的信用度、知情度和知心度是合而为一的。

当人们遇到有些"伤心事"，比如涉及家庭纠纷、生理缺陷、个人恩怨之类这些个人的隐私，一个人闷在心中实在难耐，也无济于事。于是，一般都会向自己的知心好友倾吐，目的就是为了赢得朋友的同情、爱怜，及时帮助自己出主意，想办法。如果把朋友告诉的"悄悄话"公之于众，可能会引起不少人的风言风语，甚至被歪曲事情的真相，不仅不利于解决问题，相反还会失去朋友的信任，以后人家就再也不敢也不愿把自己的事情告诉给你了。

因此，亲爱的女孩，只有为朋友"守口如瓶"，才能得到朋友的信赖，友谊才能不断加深。反之，如果不把"保密"作为一种义务，一种责任，而热衷于流言蜚语，不但会失去朋友，甚至会失去周围人对你的信赖，最终可能成为孤家寡人。有这样一个故事，很能说明问题。

狼很想吃刺猬的肉，但是忌惮刺猬浑身的刺，无从下口。

乌鸦和刺猬是好朋友，乌鸦也知道刺猬的这身宝贝是很好的自卫武器，于是就向刺猬吹嘘道："刺猬老兄，你很牛啊，有这身宝贝，连老虎这样的百兽之王也拿你没办法，更不用说狼了。"

刺猬说："不要夸奖我了，你也不错啊，能够在天空中翱翔，也不用担心被大兽们吃掉。"

乌鸦又说："还是老兄你牛啊，根本不用考虑逃跑……"

刺猬听了乌鸦的夸奖，很是得意，后来说："其实老弟，我也不是没有缺点的。我缩成一团的时候，腹部有一个小口是不能被包住的，只要往里面吹气，我忍不住痒，就会全身露出来的。"

有一天，乌鸦被狼抓住，当狼把它含在嘴里将要吃掉它时，它想起了刺猬的秘密，就对狼说了，结果可想而知，刺猬最终成了狼的一顿美味佳肴。刺猬最终也没有明白狼是怎么知道了它的死穴的，死时还是稀里糊涂。

作为朋友，乌鸦违背了做朋友的原则，在危险面前说出了朋友的秘密，出卖了朋友。像乌鸦这么不讲信用，估计不会交到真正的朋友。

亲爱的女孩，你往往觉得没有什么是秘密，说话办事也从来不假思索，结果一不小心就泄露了朋友的秘密，这是交友的大忌。请记住，为你的朋友保守秘密，从某种程度上说，也是为你自己保守秘密。保守好彼此的秘密，才能让友谊更加长久。所以说，聪明的女孩要学会保密，这样可以使你赢得别人的信任。

站在姐妹的角度上思考

生活中不难发现,猫和狗是仇家,见面必掐。起因很可能是,阿猫阿狗们在沟通上出了点问题。

摇尾摆臀是狗族示好的表示,而这种"身体语言"在猫儿们那里却是挑衅的意思;反之,猫儿们在表示友好时就会发出"呼噜呼噜"的声音,而这种声音在狗听来就是想打架的意思。阿猫阿狗本来都是好意,结果却是适得其反。但是,从小生活在一起的猫狗就不会发生这样的对立,原因是它们彼此熟悉对方的行为语言含义。所以进行换位思考,进行有效的沟通在交往当中就显得十分重要。

打个比方,假如有一位医生为病人配眼镜,他先摘下自己的眼镜让病人试戴,其理由是:"我已经戴了十多年,效果很好,就给你吧,反正我家里还有一副。"那么,谁都知道这是行不通的。如果医生还说:"我戴得很好,你再试试。"在病人看到的东西都扭曲了的同时,医生还反复说:"只要有信心,你一定能看得到。"那就真叫人哭笑不得了。我们常说遇事要将心比心,因此说,"知彼知己"是交流的原则。

在与人沟通时,可以说很多人常犯这种不分青红皂白、妄下断语的毛病。因此,"了解他人"与"表达自我"是人际沟通不可缺少的要素。在人际交往中,首先要了解对方,然后争取让对方了解自己,这才是进行有效人际交流的关键。

有这样一个故事,相信很多人都看过的:

一位老太太有两个儿子,大儿子卖伞,二儿子晒盐。为了两个儿子,老太太差不多每一天都发愁:每逢晴天,老太太就担心大儿子的伞不好卖;每逢阴天,就担心二儿子无法晒盐。终于老太太积忧成疾,卧病在床。两个儿子倒也孝顺,四处访医问药,不知如何是好,以至准备改行。

一位智者对两个儿子改行的主意不以为然:"改行?老太太还会再添新愁。我有一妙计:晴天好晒盐,老太太应该为二儿子高兴;阴天好卖伞,应该为大儿子高兴。这样一想，保准老太太就不发愁了。"老太太依计而行，果真愁苦变欢乐，身体也渐渐地好了起来。

生活中有很多事情都是这样，换一个角度思考，就会找到一个好办法。对于朋友更是如此，通过换位思考，我们才能走进朋友的心里，才能更加理解我们的朋友。

换位思考是人对人的一种心理体验过程。将心比心，设身处地，是达成理解不可缺少的心理机制。它客观上要求我们将自己的内心世界，如情感体验，思维方式等与对方联系起来，站在对方的立场上体验和思考问题，从而与对方在情感上得到沟通，为增进理解奠定基础。换位思考的实质，就是设身处地为他人着想。在交往中，人与人之间少不了谅解，谅解是理解的一个方面，也是一种宽容。我们都有被"冒犯"，被"误解"的时候，如果对此耿耿于怀，心中就会有解不开的"疙瘩"；如果我们能深入体察对方的内心世界，就能达成谅解。

很多人主张换位思考就是让自己多站在别人所处的位置想一想，去感受别人的感受，从而寻求解决问题的最佳方法。沟通之前，多一点换位思考，就会了解彼此的想法和心情，就能够相互理解和支持。不能总自以为是，以自我为中心，以"自己的就是对的"这种想法来看待问题。

亲爱的女孩要懂得，培养设身处地的"换位"沟通习惯是用真心去与交往朋友的最佳途径。要用我们对待自己的标准去对待朋友，让朋友感觉到自己备受尊重。只有这样，你才能交到真正的朋友，才能让自己的朋友享受到和自己交往的快乐。

不做自私女，享受分享带来的快乐

有人说，人和人之间能否和平共处，就看能否分享美好的东西。

分享是一种美德，把自己的东西与别人一起分享，一些零食也好，一次愉快的经历也好，当你选择与别人分享，就是把他们放在了你心中重要的位置，想到快乐就会想到他们。

分享是一种需要，谁都不可能拥有世上所有的美好，如果每个人都有一个想法，每个人都把自己的想法与他人分享，那么每个人就都有了不同的想法。同理可知，如果每个人都能够分享，那么我们就可以拥有自己原本没有的东西，让自己和他人都更加幸福。

人的天性是乐于分享的，想想你刚出生的时候，作为婴儿的你不就与父母分享了自己的微笑和天籁般的呢喃吗？只是随着我们慢慢长大，受到了各种各样的影响，受到了太多的伤害，学会了把自私当做一种自我保护。

相信在你周围，就有很多自私的女孩，但是你千万不要向她们学习，因为自私会让你感到失落，自私会让你远离快乐。

自私的女孩对自己的东西格外"珍惜"，她们觉得只有自己的东西才是来之不易的，要想让她们付出哪怕是一点点，她们都会觉得难以忍受，这样做，也就体会不到分享的快乐。那些心胸狭隘的自私女孩，因为自私、贪婪，她们并不懂得分享的美好，总在与其他的自私者为了各自的利益相互争斗，结果越争斗越自私，陷入了一个可悲的循环。自私的女孩总是把自己放在第一的位置，她们不会从对方的角度来考虑问题，更谈不上去尊重并重视对方了。

在自私的女孩看来，自己的东西永远属于自己，要想让她们把自己心爱的东西拿出来与他人分享，简直比登天还难。她们最擅长于自己的小算盘，因为自私，她们不可能和别人建立亲密的关系，私心只会让她们成为一个生活的失败者。

然而，没有分享就不可能取得较大的成功，更不可能赢得别人的喜爱。

所以，你必须懂得分享，和家人、朋友甚至是陌生人共同分享生命中的美好。

一天，有个女孩在机场候机，在起飞之前她还有好几个小时的时间。她买了一袋松饼后找了个地方坐下，拿出一本书专心致志地看了起来。她沉浸在书里，却无意中发现坐在她旁边的男人，竟然从他们中间的袋子里抓起了一块松饼。真是无耻。她想了想，觉得还是算了。没想到，那个人又拿起了第二块。

当那个"偷饼贼"继续拿走她的松饼的时候，她越来越气愤。她每拿一块饼，他也跟着拿一块。当只剩下一块时，她猜测他会怎么做。他的脸上浮现出笑意，并且略带拘谨，小心翼翼地抓起了最后那块甜饼，分成两半，递给她半块，自己吃了另一半。

女孩从他手中抢过半块饼，想："这个家伙还算是有良心，但他确实很无礼，为什么连感谢的话都不说一句？"她赌气似的吃完了半块饼。这时，她的航班开始通知登机，她如释重负般松了口气，收拾起自己的物品走向门口，连一眼都没有看那位"偷窃而且忘恩负义"的人。她登上飞机，坐到自己的座位上，打算继续看书。

当她把手伸进行李包时，竟然摸到了那一袋松饼。原来自己才是偷了别人的饼吃却没想要道歉或者感谢的忘恩负义的人，而那个先生，为了保持一个女孩的自尊，免得她窘迫不好意思，毫无怨言地与她分享了自己的松饼。

在现实生活中，与家人分享不难，与朋友分享也不难，难就难在与素不相识的陌生人分享。因为你们之间没有任何涉及付出与责任的关系，彼此的生老病死都不在另外一个人所关心的范围之内，因此，一个能够毫无怨言地与陌生人分享食物、分享快乐、甚至只是分享一个微笑的人，必定是一个心胸博大、热爱生活的人。胸怀博大的人与普通人的区别就在于，他们能够善于克服自己的自私的一面，至少能够表现出比别人少一点的自私自利。这也是为什么他们能在人生的道路上左右逢源，广受欢迎，能够在生活的点点滴滴之中发现真善美的原因。

分享代表着一种气度、一种胸怀。只有心胸开阔，才能容得下世间万物；如果心胸狭窄，连一粒沙土都容不下，是不可能有什么大成就的。

在生活中，懂得分享就是把朋友和家人放在自己心中的重要位置上，当你快乐时，就会在第一时间想到他们；当你取得成绩时就会在第一时间想到

与他们分享。同样,当他们感受到了自己在你心中所占的重要位置时,也会把你放到同等重要的位置,于是彼此的情感就有了进一步的提升。

懂得分享的女孩,你的快乐也会带给别人快乐的感觉,你的幸福也是爱你的人的幸福,你的悲伤会有关心你的人给你安慰,你的心痛会有人给你安慰和拥抱。当快乐从一个人传递到两个人再到更多时,世界也就快乐了起来。把你的快乐告诉别人,你也将得到别人的快乐。将生命中的点滴幸福和快乐与人分享吧,因为生命因为分享会变得更加美好。

朋友之间也要注意批评的方式

对任何人来说,批评都使人难以接受,所以,在社交场合就要尽力避免。当然,我们说尽力避免,并不是说完全不用批评这种方式。在现实生活中,我们仍然有需要批评别人的时候。比如知己朋友之间,都有批评和相互纠正缺点的义务。因此,要做到绝对不批评别人是不可能的。既然如此,我们就必须好好研究该怎样进行批评。

歌德在批评雨果的剧本《玛利安·德洛姆》时说:"……在这种情况下,我们只能看出一个优点,就是作者对描绘细节很擅长,这当然还是一种不应小看的成就。"看上去这似乎是一种称赞,其实是批评了雨果在描绘细节上花了太多的工夫,而行文不够简练。

我们在劝慰和批评别人的时候,总是加上一句"忠言逆耳",好像除了伤害才能帮助他之外我们无计可施。其实,即使是批评,也可以用动听的语言,用巧妙的方法,并不一定非要"逆耳"。

忠言不必逆耳,良药不必苦口,人们津津乐道的逆耳忠言、苦口良药,其实都是笨人的方法。所以,有些话不能直接说,尤其是逆耳的忠告。当需要指出别人的错误的时候,不妨拐一个弯,用含蓄的方式来告诉对方,曲折地表达自己的意见和建议。先表扬后批评就是一个很好的迂回之策。

亲爱的女孩要知道,人无完人,你的朋友也会犯错误。在这个世界上,没有人不会犯错误。面对朋友的错误,你可能要忍不住大发雷霆,因为你觉得批评朋友可以毫无顾忌。狂风暴雨过后,你可能会沮丧地发现,你的"善意"并没有被对方所接受,甚至,换来的结果可能让你追悔莫及。批评对谁来说,都不是一件让人愉快的事。但是如果你能够掌握适当的批评技巧和方法的话,相信你和朋友之间的交流能更顺畅些。

亲爱的女孩,对朋友的批评,你能否做到:是良药,而不苦口;是忠言,却不逆耳呢?当朋友犯了错误时,你不批评她,说明你没有尽到朋友的责任。但如果你的批评过分,难以让朋友接受,不但不能让朋友领会自己的一番心

193

意,反而会给朋友造成误会,甚至伤害你们之间的友情。所以,亲爱的女孩,一定要注意批评的方式。

可以说,你的批评是否有效,在很大程度上决定于你采用的态度。没有人喜欢被批评,不要相信"闻过则喜"。如果你一味地指责别人,你会发现,除了别人的厌恶和不满外,你将一无所获。然而,如果你能够让对方感觉到你是来解决问题、纠正错误的,而不仅仅是来发泄你的不满,你将会达到自己的目的。

不仅如此,对朋友的批评最好在只有你们两个人的情况下进行。毕竟,被批评不是什么光彩的事,没有人希望在自己受到批评的时候召开一个"新闻发布会"。所以,为了朋友的"面子",在批评的时候,要尽可能地避免第三者在场。不要把门大开着,不要高声叫嚷,似乎要全世界的人都知道。在这种时候,你的语气越柔和,越容易让人接受。

另外,在批评朋友之前,要首先批评自己,把自己放到低处,让朋友认为其实自己和他们一样,也都犯了错误,这样一来,朋友也比较容易接受。

比如,可以试着说:

"哎呀,是我没有好好叮嘱你,要不然你也不会犯这样的错误。"

"我一直忙着自己做功课,没有时间督促你,结果你的功课都落下了。都怪我。"

"这件事不能全怪你,也怪我。如果我当初好好跟你商量一下,也不至于到今天这个地步。"

这样的忠言,既起到了批评的作用,又不逆耳,自然能让别人乐于接受,从而达到通过批评而改正错误的目的。

总之,亲爱的女孩,就算是和朋友之间,你也要注意批评的方式,不要让不恰当的批评方式伤害了你们的友谊。

学会与异性朋友相处

亲爱的女孩，十几岁的你可能还没有意识到朋友的区别。朋友是分很多类型的，要区分对待，才能让自己从友情中收获更多。而在朋友的分类中，同性朋友与异性朋友是一个最泛但也最实用的分类。

异性朋友往往会给你意想不到的帮助，这主要有以下几个原因：

首先，两性心理有"异性相吸"的作用。异性朋友之间的交往不同于夫妻或恋人之间的交往，但由于对方是异性，当事人便比较容易缓解内心的紧张和焦虑，这也是人际交往中异性朋友所起的作用之一。

其次，两性性格有"互补"作用。由于性别上的差异，男女在心理上存在着明显不同的特点。一般说来，男性刚强、勇敢；女性细心、温柔。在困难面前，女性希望能得到男性的保护与帮助。因此，异性之间的友谊，常具有同性友谊所不具备的特殊的"文武合璧，相得益彰"的特点。

第三，两性交往有"异类群体"作用。人们常常愿意向自己同类群体之外的交往对象打开心扉，因为两性各自分属不同的性别群体，因而比向同性朋友袒露心迹更为安全些。

亲爱的女孩，年纪轻轻的你难免会遇到各种各样的问题，从而产生烦恼，希望能够倾诉出来。要知道好友的劝告与抚慰，有助于使你烦恼烟消云散。此时，倾诉也许并非期望寻求什么办法，解决什么问题，而主要是为了满足情感表达和心灵慰藉的需求。所以，此时倾诉者往往不是寻求一个好参谋，而是想找一个好听众。那么，与同性相比，异性当然是更好的听众。因为，异性朋友有时候能够给你意想不到的帮助，帮助你走过难关。

娜娜是个内向的学生，由于小时候的男女授受不亲的教育和自己内向的性格，从小就不和男孩交往，一和男孩说话就脸红心跳，看见男孩子在一起就躲得远远的。这样的性格让她吃了不少的亏。其实，她内心还是很羡慕那些口若悬河的同学的，也嫉妒那些学校明星似的人物，想要有一天和她们一样。

　　但是由于自己养成的这种性格,她还是不能和男孩子打交道。有一次,她父母吵架,吵得很厉害,而她自己能做的就是独自郁闷。到了学校,老师忙着去做自己的事情,谁也没注意到娜娜的心事。这让娜娜很是郁闷,觉得世界没有什么希望。

　　正在独自郁闷的时候,一向以开朗心细的生活委员小刚却看在了眼里,悄悄给娜娜写了张纸条,委婉地劝了一下,下课等没人的时候叫她一起出去。娜娜看见男孩和自己说话,脸一下子就红了,但是小刚没有放弃,他以前也尝试过和娜娜接触,都失败了。但是他知道这次可以让他们建立朋友关系。就凭着小刚的细心,娜娜发现和男孩子说话也没有那么难。

　　慢慢地,她被大家带出去玩,带着参加各种活动,她开始发现异性的思维是那么的不同。同时她也开阔了自己的视野,改正了很多的思想,也明白了很多以前自己不能明白的东西。

　　和娜娜一样,青少年时期的女孩,很多都开始慢慢接触到异性,从异性那里学到很多的东西,改换自己的思维方式,给自己的生活一个改变。

　　由此可见,异性朋友有时候比同性朋友更容易沟通、更容易理解对方,因此也能够给彼此更多的帮助。但是,毕竟十几岁的你刚刚开始人生的历程,有时候交朋友,尤其是异性朋友,没有把握好,就很容易产生问题。

　　首先,广交朋友是对的,多交几个性格、兴趣迥然不同的异性朋友,只有这样,才能更加深刻地体会人和人之间的纯洁友情,取长补短,共同进步。

　　其次,要分清友情和爱情的界限。友情和爱情虽密切联系,但在性质上是不同的情感和概念,异性朋友可以进行重叠交叉的交往,而爱情则是专一的、排他的,爱人只能有一个。朋友间只要双方在某一点上投合,即可建立友情,而不必受年龄、职业、性别的限制,爱情则要求双方志同道合,性格合得来,情感默契融洽。男女之间的友谊深了,有时会转化为爱情,但友情和爱情毕竟不能等同。

　　亲爱的女孩,如果能够在广泛结交异性朋友的同时,把握好尺度,那么你将拥有更多的资源,收到更多的意外惊喜。

第十章
告别幼稚走向成熟

ZHE
YANGZUO NVHAI
ZUIYOUXIU

做一个成熟的女孩,并不等于丰富的阅历,因为历经沧桑未必能确保一个人的成熟。成熟需要一个健康、自由的社会环境,需要个人具有独立的办事能力。但是成熟并不排斥纯真,真正的成熟是理性、智慧、纯真与道德的统一。

亲爱的女孩,十几岁的你是告别幼稚走向成熟的时候了。

成熟与否，决定女孩的一生

亲爱的女孩，也许你并不喜欢做成熟的女孩，因为成熟似乎是一件很残酷的事情，它代表了青春的流失和梦想的褪色。可是，走向成熟是人生的方向，况且，一种平和和幸福的人生才属于成熟的人生。

亲爱的女孩，也许私下你和朋友也常常议论到某个人的时候说某某人比较幼稚，某某人不够成熟，某某人比较老到。那么，你知道成熟和老到的标准是什么吗？成熟和幼稚的区别又是什么？这恐怕很难得到统一的答案，毕竟仁者见仁，智者见智。

有的女孩说，心智成熟的标志就是能正确地认识自我。然而，在现实生活中，不能正确认识自我的有以下三种类型，一是认为"你行他行我不行"的自卑者，二是认为"你不行他不行就我行"的自负者，三是认为"我不行你和他也不行"的嫉妒者，而心智成熟在自我认知上应该是"他行你行我也行"。

有的女孩说，正确应对挫折是人心智成熟的标志。如果把遭遇挫折比作面对一堵墙，心理不成熟者的态度是痛苦地撞墙，抱怨自己是天底下最不幸的人，而心理成熟者或找梯子翻过这堵墙，或绕过这堵墙。她说，个人的理想能否实现是受制于很多因素的，一个心理成熟的人是能控制自我的，应该紧紧抓住客观因素中的可控部分，坦然接受客观因素中的不可控部分，灵活调整自己的策略。

有的女孩说，认识他人是心智成熟的标志。所谓的认识他人，就是要认识他人的角色，避免误会；认识他人的品行，把好友谊关，避免上当受骗；认识他人的优势，取人之长，补己之短，要保持良好的心态，使自我发展更有效。

还有的女孩说，心智成熟的标志是用积极的心态认识社会。也就是说要主动发展自己，让自己慢慢长大，只有自己要求长大，才能最终得到实惠，否则等待我们的只有被社会淘汰。社会是发展的，不会等着你长大了它才变化，而是需要你更快地变化来适应它。

有两只小鸟蜷缩在鸟巢中,等待着外出觅食的妈妈回来,可是几个小时过去了,妈妈还没有回来,它们饿得直叫。其中一只小鸟说:"我要展翅高飞,出去觅食。也许开始有些困难,但我不会失败,因为我们生下来就是要飞的。"它的弟弟不放心地说:"你千万不要飞,因为你的羽翼还不丰满。"语音刚落,小鸟哥哥已经蹦到了枝头,展开了双翅。一开始,它差点跌倒在地,但又振翅飞了起来。它在高空对弟弟喊道:"你看,并不像想象中的那么困难吧!加油吧!飞起来吧!"小鸟弟弟叹了口气,无精打采地缩在鸟巢中。两个小时过去了,哥哥叼了几只小虫回来了,还向弟弟讲述了外面的精彩世界。小鸟哥哥讲完后说:"如果你愿意就跟我一起飞吧。"弟弟回答说:"我的翅膀肯定不如你的硬,我会摔在地上的,被别的动物吃掉的,我也不知道怎么回来,我很害怕。"

一天,有一条蟒蛇惊醒了小鸟弟弟,但它并没有想逃跑,蟒蛇问道:"你为什么不飞?"小鸟弟弟回答说:"我以前错过了飞的机会,现在想飞,已经晚了。"就这样,小鸟弟弟被无情的蟒蛇吃掉了。

拒绝长大,拒绝成熟的做法是不可取的。要真正地走向成熟,并不是一帆风顺的。如泰戈尔所说,除了通过黑夜的道路,无以到达光明。很无奈的一个事实是,成熟总是和人生的挫折联系在一起的,"传道授业解惑也"并不能让你成熟,而需要时间与其他代价的付出。通往成熟的道路,没有终点,只有行程。成熟是相对的,而幼稚才是绝对的,成熟不是不犯错误,而是能不能真正从错误中吸取到教训。

成熟不是想成就成的,它需要你在家里、学校里、社会里的无数大事、小事、快乐的事、痛苦的事中磨炼,是不断思考、改正、再思考才能形成的一种外在的气质。

亲爱的女孩,作为一个成熟的女孩,你不应该再做幼稚的孩子。因为,幼稚是一种无知的表现。幼稚的女孩对自己的需要、愿望或要求毫不克制,听凭秉性行事,放纵不约束自己;抗拒、不服从外来的管教;不按照别人的要求去做,或者表面上答应、内心不服。幼稚的女孩自制力差,情绪不稳定,易冲动,经常以执拗发泄不满,过分的宠爱更助长了幼稚行为。亲爱的女孩要明白,幼稚的人好像孩子一样没长大,所以我们应该克服幼稚的习惯,这样,生

第十章 告别幼稚走向成熟

199

活才能更顺利。

从幼稚中走出，迈进成熟，也许这一步会走得很辛苦，毕竟从蛹蜕变成蝴蝶需要一个漫长的过程，同时也需要内心的挣扎。亲爱的女孩，接受你已长大的事实，让自己蜕变成一只完整的美丽的蝴蝶，展现成熟而美丽的人生。

让自己了解社会

我们都明白这样一个事实,那就是不管家长是多么关爱我们,学校有多么庇护我们,我们终究是要走向社会的。如果对这个我们即将要面对的社会一点都不了解的话,我们会感觉到很难适应社会。从校园走到社会,我们会发现这个世界与我们所想的有出入,社会上的事情是很复杂的。

在学校的时候,我们什么事情都不用担心,唯一需要担心的事情就是考试。在学校里面,我们有很多可以犯错的机会,可是社会不会给你这个机会,所以我们一定要去了解这个社会。只有这样,才能更好地去适应它。

有一个朋友曾经目睹过这样的事情:一次,他去一个风景区玩,在一个卖眼镜的小摊前驻足。一个文雅的女孩儿在挑着镜子,挑了好久也没有看好。当她刚把最后一个挑选的眼镜放回货架去的时候,摊主拿起那眼镜说话了:"你怎么搞的,不买就不买,为啥把它弄坏了?"女孩说:"我只是看了看,连试都没有试,怎么能坏?"摊主说:"少说没用的,你马上赔我200元!"女孩笑了,说:"非要我赔?"摊主说:"你少废话,赔!"女孩慢慢地掏出了手机,拨了一个号,转过身说着什么,然后,女孩转向摊主说:"你好好等着啊,给你送钱的马上就到,让你发发财。"说完,一直笑眯眯地看着摊主。摊主慌了,想了想,开始快速地收拾自己的摊子,然后一句话也没说就走了。

其实,这个事情还只是一种情况,社会上形形色色的事情是层出不穷的。亲爱的女孩,你估计也碰到过类似的事情吧,你又是怎样处理的呢?是束手无策还是不慌不忙?亲爱的女孩,你在父母的庇护下到底成长得怎么样,你能够在必须独立的时候飞得很高很远吗?你能够在需要独立的时候独自面对社会现实吗?

在学校或家庭教育中,我们在学习科学文化知识的同时,虽然也程度不同地间接地对社会有所接触或认识,但我们在学校家庭中接受的大多是正面教育,不论是教科书还是教师,或是家长,都说社会是美好的,人类是善良的。可当我们一旦真正接触社会,尤其是一步入社会,情况就有所不同了。社

会不仅有真善美,还有假恶丑;人群中不仅有道德高尚的,也有心灵肮脏的。当遇到丑恶的事物、卑鄙的人物、无解的难题时,我们难以理解,无以应对。由于脆弱的心灵难以应对现实的打击,有的便消极颓废了,不再追求了;有的则以死抗争了,不再生存了。

所以,亲爱的女孩,我们要学会认识社会,例如,我们要知道任何时候都要说实话,不说假话。可在现实生活中,有些事情是需要保密的,是不能对外人毫无保留地说实话的。如果有人问我们银行卡放在什么地方,开门的钥匙放在哪里等等,我们就不能以实相告。什么时候说真话,什么时候说假话,为什么要说真话,为什么要说假话,其中的道理我们应该明白,因为社会是复杂的,我们要学会自我保护。对于一些重大、复杂的社会问题,特别是带有阴暗面的社会问题,我们不能回避,要向家长请教,去理解,去认识。

社会是复杂的,但社会总是向前发展的。当今社会存在的不良现象或丑恶现象,随着社会的不断发展,这些现象终究是要改变的,是要消亡的。因此,面对社会存在的不良现象或丑恶现象,没有必要大惊小怪,也没有必要牢骚满腹,更没有必要痛不欲生,只要能够驾驭自己,从容应对就可以了。

认识社会,适应社会,改造社会,这是我们成长的必由之路。

亲爱的女孩,你要知道,真实的社会不是我们想象的那样,社会具有两面性,你要对社会全面了解,全面认识。毕竟,我们认识,了解社会的目的是为了更好地改造社会。而改造社会从自身开始,如果我们每个人都努力让自己变成一个真善美的人,社会才会更美好和谐。

请明白得到的前提是付出

人的一生都在付出与得到，付出的是努力，得到的是收获。孩子从小付出汗水，得到成长；付出刻苦学习，得到知识。青年付出追求，得到爱情；付出执著，得到事业……

一个冬天，在瑟瑟的寒风中，美国加州沃尔逊小镇来了群逃难流浪者。长途的辗转流离，使他们一个个面黄肌瘦，疲惫不堪。善良而朴实的沃尔逊人友善地款待这些流浪者，镇长杰克逊大叔亲自为他们盛上粥食。这些流浪者显然已有好多天没吃到食物了，他们一个个狼吞虎咽，连句感谢的话都顾不上说。

只有一个年轻人例外，当杰克逊大叔把食物送到他面前时，这个骨瘦如柴的年轻人问："吃您这么多东西，您有什么活儿需要我做吗？"

杰克逊大叔想，给每个流浪者一顿果腹的饭食，每一个善良的人都会这么做的，不需要什么报答。于是，他说："不，我没有什么活儿需要你来做。"

这个年轻人的目光顿时暗淡下来，他说："先生，那我不能随便吃您的东西。我不能没有经过劳动，便平白得到这些东西。"

杰克逊想了想又说："我想起来了，我确实有些活儿需要你帮忙，不过得等到你吃过饭后再去做。"

"不，我现在就去做，等做完活儿，我再吃这些东西。"那个青年站了起来。

杰克逊大叔很是赞赏这个年轻人，但他知道这个年轻人已经两天没吃到东西了，又走了这么远的路，可是，不给他做些活儿，他是不会吃东西的。杰克逊大叔思索片刻，说："小伙子，你愿意为我捶背吗？"

那个年轻人便十分认真地给他捶起背来。捶了几分钟，杰克逊便站起来："好了，小伙子，你捶得棒极了。"说完，将食物端在了年轻人的面前。年轻人这才狼吞虎咽地吃起来。

杰克逊大叔微笑着注视着年轻人："小伙子，我的农场太需要人手了，如

第十章 告别幼稚走向成熟

203

果你愿意留下的话,那我就太高兴了。"

于是,那个年轻人留了下来,并很快成了农场的一把好手。两年后,杰克逊把女儿许配给了他,并对女儿说:"别看他一无所有,但他百分之百是个富翁,因为他有尊严。"

20年后,那个年轻人果然成了亿万富翁,他就是赫赫有名的美国石油大王哈默。

亲爱的女孩,你要知道,凡是成大业者,都遵循着一条黄金规则:在得到一些东西之前,先要付出一些东西。他们拒绝不劳而获,他们知道,唯有依靠自己的奋斗,才能赢得尊严,才能赢得别人的尊敬和欣赏,才能真正地得到自己想要的东西。

巴勒斯坦境内,有两个湖泊。这两个湖泊各有各的特色,其中一个叫加黎利海,是一个很大的湖泊,水质清澈甘甜,可以供人饮用,因为湖底清澈无比,连鱼儿们在水中悠游的景象也清晰可见,而附近的居民更是喜欢到此处游泳和嬉戏。加黎利海的四周全是绿意盎然的田园景观,因为环境清幽,许多人将他们的住宅与别墅建在湖边,享受这个如仙境的美丽景致。

另一个名为死海,也是一个湖泊,然而,正如其名,水是咸的,而且有一种怪味道,不仅人们不敢来饮用,连鱼儿也无法在这个湖泊中生存。在它的崖边,连株小草都无法生长,更别说人们选择在这里居住。令人好奇的是,这两个湖泊其实同于一个源头,后来人们发现,它们会有这么大的不同,是因为一个有接受也有流出,而另一个则是接受后便存留起来。

原来,在加黎利海里,有入口也有出口。当约旦河流入加黎利海之后,水会继续流出去,如此一来,水流不仅生生不息,也会不断地循环更换,水质自然清澈干净。至于死海则只有入口没有出口,当约旦河水流入之后,水就被完全封死在海里。于是,在这个只有进没有出的湖泊中,所有的污水或废水也全部汇聚在这里,因为只知自私地保留己用,最后的结果便如它的名字,成为没有人愿意亲近的死海。

有付出才有收获,唯有不断流动更替的水才会充满氧气,鱼儿们才会有舒适的生存空间,湖泊才会有如此的生命活力。

谁都明白,得到与付出是对孪生的兄弟,一般情况下,要想得到就必须要有付出，只有付出才有可能得到。俗话说："一分耕耘一分收获。"不耕耘，便想得到收获的成果，在现实生活中是永远都不可能实现的。

在一户勤劳的家庭中，一对夫妻俩勤勤恳恳，创下了不菲的遗产。成天到晚地工作着，后来便积攒了很多家业。但是他们对其子从小就溺爱，衣来伸手，饭来张口，对他特别关心，使其养成了懒惰贪吃的坏习惯。等老两口去世后，他和他的妻子便成天吃喝玩乐。饿了吃父母留下的粮食，冷了穿父母留下的衣服，过着神仙一般的快活日子。

过了许久，也就是腊八这天，他俩只剩下一碗粥，最后被饿死，冻死了。

俗话说，没有吃不完的饭，没有穿不破的衣，这对懒夫妇的下场也就是不劳而获者的下场。

亲爱的女孩，你要知道，一个人如果只考虑自己的利益，只知道接受，而不懂得付出，结局将是让人难以忍受的。就像耕作一样，播种、插秧与除草，每一个栽培的动作，农夫们都必须尽心尽力地付出，在秋收时间尚未来到前，他们都明白，唯有努力付出，才会有丰硕的收获。

需要正确看待早恋

早恋，指的是未成年或者生理、心智尚未成熟的男女建立恋爱关系或对异性感兴趣、痴情或暗恋，一般指 18 岁以下的青少年之间发生的爱情，特别是以在校的中小学生为多。

早恋行为是青少年在性生理发育的基础上，由心理转化为行为的实践。一般人认为早恋会带来很多问题，如影响青少年的身心健康和学业成绩等，尤其对女孩更为明显突出，但一般不会有太严重的影响。早恋常常以失败告终，很少出现早恋能够终身厮守的。也有人认为早恋是青少年对男女关系的探索和学习，为将来的恋爱与婚姻作准备，不宜过分禁制或压抑。

晶晶成绩不错，是老师和家长的"希望"。然而，"重点学校的高材生"这个称号令晶晶无形中产生了压力，"越接近临考，学校、家里的氛围越压抑。"晶晶说，"在我没有了自信，想逃避的时候，是他给了我前进的动力……"

晶晶口中的"他"就是她的同学立伟。"他的数学很厉害，篮球又打得好，班上很多女孩子都喜欢他，他却只喜欢我一个。"说起立伟，晶晶流露出粉丝对偶像的"崇拜"。她说："我的数学不太好，不管做多少题，练习多少遍，到了考试还是会错，我几乎崩溃了，常常一个人躲到操场的角落哭泣。"

晶晶说，每次当她一个人躲在角落里埋头痛哭的时候，总觉得有一双眼睛在不远处悄悄地注视着她，那就是立伟。"第一次模拟考后，他终于忍不住走了过来，把纸巾递给我说："我跟你一起复习数学吧！"

"我的语文比较好，英语单词背得熟，他的数学解题能力强。我教他背单词、背古诗，他教我破解数学难题。我们一起上学，下课一起做作业，周末一起上补习班，课外一起聊心事……在别人的眼里，我们就是'情侣'，对此，我们也不否认，因为我们是真的喜欢对方。"晶晶说。

晶晶表示，"恋爱"后，她看一切都变得乐观和积极了，"高考"也变得不再"可怕"："当一个人面对困难时，它是巨大而无法克服的，而当两个人一起面对的时候，它却变得'不算什么'了！"她这样形容他们的"关系"："我们互相激励,共同进步。我们的目标是一起考上复旦大学。"

其实,这个时期的女孩对异性的朦胧感觉完全是一种正常现象,只要能够正确对待,就可以把友情化成力量,互相鼓励前进,达到 1+1>2 的效果。但是,并非所有的女孩都可以像晶晶一样能理智地处理两个人的感情。

娟娟的高考成绩公布后,她只考了 500 多分,全然没有"金榜题名"时的喜悦。作为一个重点高中的尖子生,她本可以考得更好,但由于高考前男朋友的"背叛",她伤心欲绝,最终使高考失利。

同学、老师们都说娟娟是个性格开朗、漂亮清秀的女孩。她曾以优异的成绩考上这所重点高中,在对大学生活充满憧憬的时候,她发现班里一个长得很帅的男孩时常牵引着自己的视线。后来,他们成了好朋友,放学后时常一起吃饭,夕阳下在操场上散步聊天,这时娟娟觉得很幸福,不久他们就确定了男女朋友关系。男孩的成绩在班里也很出色,父母对他寄予了厚望,考上重点大学便成了他们的共同目标,他们互相承诺相约在大学校园里。

一转眼便到了高三,高考一天天临近,娟娟和男孩经常课后一起学习,日子过得疲惫但却充实。然而,就在离高考只有一个月的时候,男孩突然对娟娟说:"我们分手吧!我已经喜欢上另一个女孩了。""这怎么可能?怎么说分就分?"娟娟一下子愣住了,她的责问和哀求并没有挽回男孩的心,从此,娟娟陷入了"失恋"的痛苦中难以自拔,当得知男孩"移情"的女孩也是同班同学时,她就经常拿自己和她相比,"我哪里比她差?"娟娟觉得自己被人抛弃是最不幸的,在同学面前也觉得没有面子,整天无心顾及学习。

就这样,娟娟的高考与"金榜题名"无缘。

娟娟因为早恋耽误了自己的学习,影响了自己的高考成绩。高考是人生的一道坎,她在某些时候决定着我们的一生。所以,亲爱的女孩,当你对男孩子有好感的时候,首先要分辨他是不是值得交往的人。

其实,早恋并没有我们想象得那样可怕。但是,在"早恋"中,充斥着隐隐的不安和老师、家长的不满。一般来说,越是难以得到的东西,在人们心目中的地位越高、价值越大,对人们也越有吸引力。处在叛逆期的青少年更是如此,家长越是担心阻止,孩子就越要唱反调,甚至出现异常情绪。

处于早恋之中的女孩,往往表现出一些反常现象,比如上课分心走神、

第十章　告别幼稚走向成熟

精神恍惚,学习成绩突然下降;情绪起伏大,心神不宁;开始注意打扮,突然大手大脚花钱,善于在某个异性面前表现自己;经常与某一异性交往,甚至发生越轨行为……

由于早恋难以得到家庭、学校和社会的认可,各方面都有很大的压力与矛盾,从而使早恋者注意力分散,使得自己的志趣和人生目标发生改变,这种改变对人大都会带来一种负面的影响,对人的性情、性格、人生观、世界观的形成有害而无益。可见,早恋造成危害主要不是因为早恋本身,而是来自早恋者受到的多方面压力。

亲爱的女孩,也许你现在正在被恋爱困惑着,不知道自己该怎么办。但是,你要知道爱情并不是单纯的异性相吸,它包含着高尚的情操和充实的精神生活,因此你应该对已有的恋情进行冷静地分析,如果是被对方的优点和长处所吸引,就应当把这种美好的情感深藏心里,变为促进自己前进的动力;如果是被对方漂亮的外表或优越的家庭所吸引,则说明这种感情是很肤浅的。同时,你应该知道,你现在的可塑性强,个人的理想、兴趣、志趣的变化都会引起恋情的变化和发展,况且,早恋的成功率极低,所以,你应该把精力放在追求远大理想和实现人生价值上,而不宜过早恋爱,空耗精力,消磨时光。

亲爱的女孩,如果你也开始了自己的"早恋",请不要把自己封闭起来,你要相信父母,相信老师,如果有什么问题可以向他们请教。

要学会自我保护

爱斯基磨人在捕北极熊的时候，将一把匕首垂直放在一个铁筒中央，然后倒入血水，结成冰后，将其倒出，放在熊经常出没的地方。熊喜欢嗜血，用舌头舔食冰血块，当它舔到中央部分的匕首时，舌尖被割破就会流出鲜血来，而熊的舌头舔过冰血，所以没什么知觉，还以为是别的动物的血，且血液越来越新鲜，熊越舔越过瘾，直至它失血过多昏倒，它就成为爱斯基磨人的猎物了。

在印度南部的马哈尔丛林里，人们用一种奇特的狩猎工具捕捉猴子：在一个固定安装的盒子里面装有猴子爱吃的核桃，盒子上开了一个小口，刚好够猴子的前爪伸进去，但抓住核桃后就抽不出来了，于是猴子便成为瓮中之鳖了。有人笑猴子蠢：为了一颗核桃，攀树援枝的猴子失去了纵情玩耍的森林。

在动物世界，有很多像白熊和猴子一样的动物被假象所迷惑，从而没有保护好自己，让自己受到了伤害甚至失去了生命。亲爱的女孩，我们要从中吸取教训，因为，在现实生活中，我们同样也会面临很多危险。

"横看成岭侧成峰，远近高低各不同，不识庐山真面目，只缘身在此山中。"从诗人的观山到我们的识人，其中蕴含着一个同样的道理，由于所处的位置不同，观山和识人都会得出不同的认识。就识人而言，常常会出现这样的问题：从上往下看，会把人看矮了；从下往上看，会把人看高了；从近往远看，会把人看小了；从门往外看，会把人看扁了。

然而，在现实的人际交往中，常常会出现旁观者清，当局者迷的现象。所以，亲爱的女孩，你要学会保护自己，遇事多思考，锻炼自己分辨是非的能力，凡是多长个心眼，避免上当受骗。

比如说，如果你独自走在回家的路上，当有陌生人尾随你时，你千万不要慌，可以跑到人多的地方把"尾巴"甩掉；如果那人紧跟着不放，你可以大声呼救，或者赶快去告诉警察。要注意，千万不能让陌生人尾随着你回家，更不要逃到废弃的房屋、死胡同等没人的地方。

如果你独自乘坐公共汽车，有人对你无礼，你要大声叫喊，千万不要害怕。你大声叫喊，坏人反而会害怕，就不会再纠缠你了。

如果你在家学着炒菜不小心使油锅着了火，你要迅速盖上锅盖或者放进已经切好的蔬菜，让火与空气隔离，千万不要往油锅里放水。

如果你外出游玩，也一定要注意安全，远离危险，不要让自己伤着、碰着。假如发生了意外，比如身上起火，你也不必惊慌，只要就地打几个滚儿，身上的火就会灭掉。

如果你发生骨折，要马上用凉水敷，不要用热水，以免血管扩张、红肿，最好还要用硬板固定住伤处，等着医生做治疗。

如果你要确保自己的人身安全，不要把贵重物品随意显露出来，最好不要穿价格昂贵的服装、鞋子上学，更不要带太多的钱出门，不要独自去游戏厅玩，当心被不怀好意的人勒索钱财。

生活中会有这样的情况：母亲和女儿一起外出，在公园里竟然遇到了一个随地小便的人故意在他们面前裸露，虽然不远处就有一名警察，但那对母女都害怕得没有作声，只是远远地避开了。

亲爱的女孩，你觉得家长的做法对吗？你会怎样做呢？有的女孩说，"我会大叫引起别人的注意，寻求帮助。""我会大声警告他：'请你老实点，否则就要报警了。'"……这些"招数"在人多的地方都管用，可要是到了人少的地方呢？"先按兵不动，在确保安全的情况下，趁机溜走。"这些无疑都是聪明女孩的做法。

除此之外，家长还要教给孩子应对其他一些突发性灾难的方法。

关于地震：当地震发生时，在街上的人应该避开高层建筑物、电线杆、围墙等，及时向空旷的地方转移。住在楼房内的人千万不可在慌乱中乱跑、跳楼，应该迅速躲在结合力强的墙角处、开间小的厨房、厕所，这些地方具有较好的支撑力，抗震系数较大。

关于火灾：在开门前要先感知它的热度。如果烟雾大，应该在地上爬行，并用毛巾衣物等掩住嘴和鼻子。还可以拨打电话119求助。

失火时，严禁使用电梯。如果火灾发生在楼下，而且距离很远，那么就留在家里，打电话给消防部门，准确讲出你的位置并等待救援。千万不要爬到楼顶去,这样会令救援者花费更多的时间来搭救你。如果火灾发生在你的顶楼或同楼层,必须立刻下楼。如果门已发热或楼道充满烟雾,应马上去寻找另外的出口。

如果所有的出口都被堵住了,就立刻回到你的房间。关好所有的门,并用湿布封好门缝。打电话给消防部门,告诉他们你的位置,然后站在窗口,挥舞颜色鲜艳的布来求助。不要打碎玻璃,这样烟雾会很容易进入房间。而且,千万不要跳楼逃生。

关于突发危险还有很多种,所以,你要学习急救措施,这样才能保证自己能在突发性危险中学会生存和保护自己。

总之,亲爱的女孩,要在生活的点滴中培养保护自己的能力。因为,父母、老师、亲友不可能时时刻刻在你身边保护你,随着你慢慢长大,你终究是要独立面对社会。面对生活中发生的一切,你要学会保护自己。

学会宣泄你的忧伤

忧伤,表现为情绪低下、好忧愁、多伤感,易消极悲观。忧伤情绪强烈的人,很可能造成心理和生理上的损害。

台湾作家罗兰在《罗兰小语》中写道:"情绪的波动对有些人可以发挥积极的作用。那是由于他们会在适当的时候发泄,也会在适当的时候控制,不使它们泛滥而淹没了他人,也不任它们淤塞而使自己崩溃。"由此可以看出,适当地宣泄情绪,具有积极的作用。所以,亲爱的女孩,当你因为什么事情而变得忧伤时,请试用以下方法:

● 想方设法静下心来好好想一想,是什么原因使你忧愁

我们没有必要钻到忧愁里去使它扩展,也没有必要过多地重视它,以很大的精力去驱赶它。应该把这种忧郁的刺激当做一种正常现象,尽可能不去想它,而把精力集中于当前你应该做的事,形成你在工作、学习上的注意中心。随着这种注意中心的形成和不断巩固,忧愁就会慢慢淡化,以至不知不觉被忘掉。

● 正确对待使你忧愁的信息

不要受他人的情绪感染,要正确对待周围环境,调整自己的行动,改变自己的某些思想和做法,对自己要有信心,相信自己能够从不适应到逐步适应。对未来要做好心理上的准备,并预想一些克服困难的方法,以积极的态度对待来自他人的致忧信息,就不会被他人的消极情绪所左右。不要给自己虚构忧愁,而要抓住现在,现在做不好,可以想象将来会怎样。把现在抓住,积累经验,就能更好地建设将来。

● 加强个性锻炼

培养自己乐观的态度,对生活要有博大的胸怀和大度的气量,一切要向前看,开朗、微笑地面对生活。要不断提高自己的能力,这样你就会更有自信心,更有胆量迎接生活的挑战了。

● 通过积极的措施,宣泄压抑着的忧伤情绪

英国心理学家柯利切尔所提倡的自我宣泄法，很值得我们借鉴。他认为，积贮的忧伤绝望情绪就像是一种势能，如果不释放出来，必定会在内心世界造成一定的破坏，但如果能及时地用倾诉或自我倾诉的方法取得内心感情和外界刺激的平衡，便可消除隐患。

100多年前的英国诗人威廉·布莱克也曾写下一首与自我宣泄有关的诗。诗名是《毒树》，诗的第一节告诉我们倾诉的价值：我对我的朋友有怒气，发泄出来，怒气就消失了；我对我的敌人有怒气，但不表露，时间长了，它就慢慢地增长。

所以，亲爱的女孩，遇到烦恼和不顺心的事情，切不可忧伤压抑，把心事深藏心底。过分压抑只会使情绪困扰加重，而适度宣泄则可以把不良情绪释放出来，从而使紧张的情绪得以缓解、轻松。因此，遇有不良情绪时，最简单的办法就是"宣泄"。

情绪宣泄有很多种方法，比如倾诉、哭泣、高喊、运动等。适度的宣泄可以把不愉快的情绪释放出来，是心情平静。宣泄一般是在背地里，在知心朋友中进行的。采取的形式或是用过激的言辞抨击、谩骂、抱怨恼怒的对象；或是尽情地向至亲好友倾诉自己认为的不平和委屈等，对方劝说也许没有起什么作用，但他的真诚关怀和同情能使你感到温暖。有时，这种谈心的对象也可以是素不相识的火车或轮船上的同路人。一旦发泄完毕，心情也就随之平静下来；或是通过体育运动、劳动等方式来尽情发泄；或是到空旷的山林原野，拟定一个假目标大声叫骂，发泄胸中的怨气。你也可以躲进一个僻静的角落放声自言自语，或提笔写信给远方的旧友，把你的烦恼甩到空气里，洒在信纸上，记在日记里。尽管在旁人看来，你对镜子自言自语有点神经的模样，或是你写了厚厚一叠不知寄往何方何人的信和日记，但你自己肯定会在经过这场自我宣泄后感到内心如释重负，轻松了许多。

必须指出，在采取宣泄法来调节自己的不良情绪时，必须增强自制力，不要随便发泄不满或者不愉快的情绪，要采取正确的方式，选择适当的场合和对象，以免引起意想不到的不良后果。

● 意志力的锻炼

忧伤情绪的消除仅仅依靠自我宣泄是不够的，还必须加强意志力的锻

炼。音乐家贝多芬曾经说过："卓越的人具有的一大优点是，在不利的艰难遭遇里能够百折不挠。"锻炼意志力的方法有很多，一些体育项目，比如长跑、登山等。

总之，亲爱的女孩你要知道，人生在世，难免不经历忧伤，而当此时，要勇敢面对，懂得宣泄自己的忧伤。

合理安排，充分利用时间

关于时间规划，有人曾作过这样的比喻，如果生活是在航海，而理想决定了目的地的话，那么制定航线的就是一种规划。如果规划得当，就会让女孩的时间"多"起来。

来看看这些原则，80/20法则，四象限工作法……这些看似五花八门的理论实际上是在阐述同一个道理，那就是合理地规划能够让时间充分利用。

80/20法则：帕累托曾提出，在意大利，80%的财富为20%的人所拥有，并且这种经济趋势存在普遍性。后来人们发现，在社会中有许多事情的发展，都迈向了这一轨道。目前，世界上有很多专家正在运用这一原理来研究、解释相关的课题。例如，这个原理经过多年的演化，已变成当今管理学界所熟知的"80/20原理"，即80%的价值是来自20%的因子，其余的20%的价值则来自80%的因子。

80/20法则也被推广至社会生活的各个部分，且深为人们所认同。例如，在企业中，通常认为它80%的利润来自于20%的项目或重要客户；经济学家认为，有20%的人掌握着80%的财富；心理学家认为，在20%的人身上集中了80%的智慧；推而广之，我们可以认为，在任何大系统中，约80%的结果是由该系统中约20%的变量产生的。"80/20"原理给所有人的一个重要启示便是：避免将时间花在琐碎的多数问题上，因为就算你花了80%的时间，你也只能取得20%的成效，因此，你应该将时间花在重要的少数问题上，因为掌握了这些重要的少数问题，你只花20%的时间，就可以取得80%的成效。

其实，比例不一定是80比20，也有可能是60比40，甚至是99比1。这主要是告诉我们，要把多数时间和资源用在少数重要的活动中，以此达到最佳的效果。

在安排多个事情的时候，我们可以尝试着四象限工作法，这是指考虑行事的先后顺序时，应先考虑事情的"轻重"，再考虑事情的"缓急"，也就是我们通常采用的"第二象限组织法"。用时间管理的方法来探讨"急事"与"要

第十章　告别幼稚走向成熟

215

事"的关系。

● 第一象限是重要又急迫的事

诸如应付难缠的作业、准时完成工作等等。

这是考验我们的经验、判断力的时刻,也是可以用心耕耘的园地。如果荒废了,我们很可能会变成行尸走肉。但我们也不能忘记,很多重要的事都是因为一拖再拖或事前准备不足而变得迫在眉睫。

● 第二象限是重要但不紧急的事

主要是与生活品质有关,包括长期的规划、问题的发掘与预防、参加培训、向上级提出问题处理的建议等事项。荒废这个领域将使第一象限日益扩大,使我们陷入更大的压力,在危机中疲于应付。反之,多投入一些时间在这个领域,有利于提高实践能力,缩小第一象限的范围。做好事先的规划、准备与预防措施,很多急事将无从产生。

这个领域的事情不会对我们造成催促力量,所以要求我们必须主动去做,这是发挥个人领导力的领域,更是传统低效管理者与高效卓越管理者的重要区别标志。因此,我们要把80%的精力投入到该象限的工作,以使第一象限的"急"事无限变少,不再瞎"忙"。

● 第三象限是紧急但不重要的事

电话、突来访客都属于这一类。表面看似第一象限,因为迫切的呼声会让我们产生"这件事很重要"的错觉——实际上,就算重要也是对别人而言。我们花很多时间在这个里面打转,自以为是在第一象限,其实不过是在满足别人的期望与标准。

● 第四象限属于不紧急也不重要的事

这个象限的内容包括阅读令人上瘾的无聊小说、观看毫无内容的电视节目、在QQ上闲聊等。简而言之就是浪费生命,所以根本不值得花半点时间在这个象限。但我们往往在一、三象限之间来回奔走,忙得焦头烂额,不得不到第四象限去疗养一番再出发。这部分范围倒不见得都是休闲活动,因为真正有创造意义的休闲活动是很有价值的。然而像我们前面所说的看无聊小说、电视这样的休息不但不是为了走更长的路,反而是对身心的毁损,刚开始时也许有滋有味,到后来你就会发现其实是很空虚的。

亲爱的女孩,现在你不妨回顾一下上周的生活,你在哪个象限花的时间最多?请注意,在划分第一和第三象限时要特别小心,因为急迫的事很容易被误认为重要的事。其实二者的区别就在于这件事是否有助于完成某种重要的目标,如果答案是否定的,便应归入第三象限。不难发现,四象限工作法的第一象限,对应的就是80/20法则中关键的那20%。

　　当然,具体的生活规划还应该结合个体的实际情况进行详细的细分。亲爱的女孩,让你的生活合理地规划起来吧,这将会为我们年轻而美丽的生命之船制定通向幸福的航线。

珍惜时间，今日事今日毕

"抛弃时间的人，时间也会抛弃他。"莎士比亚如是说。女孩，你或许会有无限个明天，但是，它们却并非眼前。但你确实只有一个今天，而且它就在眼前。因此我们说，今天的任务，一定要今天落实，即使熬夜也别让它挤占明天的任务。

试想清洁工人不在今天及时清扫垃圾，哪有街道马路每天的洁净？农民种田，不在今天及时割草、施肥、灭虫，哪有金秋时节的丰收？医生不在今天及时抢救，医治病人，哪有人们日后的健康体魄？体育健儿不在今天挥汗苦练，哪有奥运会上那一块块闪亮的奖牌？我们不在今天刻苦学习，哪有日后祖国的栋梁之材？这样的例子数不胜数。

革命先烈李大钊说："我以为世间最可贵的是'今'，最易丧失的也是'今'。因为它最容易丧失，所以更觉得它宝贵。"也许有人会说："今天怎么能称得上最宝贵？耽误一天还不是一样？"如果这样想，那就大错特错了，历史上，因为等一天而耽误事情，甚至酿成大祸的事例还少吗？1814 年 6 月 17日，拿破仑在击败普鲁士军队以后，错误地让军队休息一天，6 月 18 日才开始进攻固守在滑铁卢的英军，结果给了英军构筑工事的时间，从而导致 18日滑铁卢一战的惨败。试想，如果拿破仑抓住战机，马不停蹄地进攻英军，那么欧洲的历史将会重写，拿破仑统治的法国将更加强大。

"明日复明日，明日何其多；我生待明日，万事成蹉跎。"短短的几句话，是先辈千折百曲，历经磨难的生活体验的结晶。古人有感于此，于是才有了"头悬梁，锥刺骨"的勤学佳话。现在我们条件优越，不是更应抓紧今天的分分秒秒吗？

要知道，真正的有志者也往往把美好的希望放在明天，明天的日程表总是排得满满的。但他们更珍惜今天的大好光阴，更善于从今天抓起。因为稍一懈怠，今天就会变成明天，明天就会变成后天，排挤了明天要做的更多的事情。鲁迅先生曾深感"今天"的重要，谆谆告诫青年们做一切事情都要"赶紧做"，否则就要功亏一篑，甚至一事无成。有位科学家曾认识到"明日复明日"的弊害，从而为自己立下了"今日事今日毕"的座右铭。事实证明，一切在事业上有成就的人，都是善于从"今天"抓起的人，那些把今天的事推给明天的懒人，总要落得个"老大徒伤悲"这个可气又可怜的下场。

可以说，抓住了今天，就是抓住了掌握获取知识的机会。有志的人深深懂得时间就是生命的道理，他们决不把今天的宝贵时间掷给明天。誉满全球的我国国画家齐白石，坚持每日作画，除了身体不适和心情不好外，没有一天不动笔。京剧花脸前辈郝寿臣也是一位善于抓"今"的人，他床头贴着"睁眼就起"，吃早点的地方贴着"赶快吊嗓子"，他就是这样对待今天的。伟大的发明家爱迪生一直就很珍惜时间，他利用车上卖报的闲暇搞实验，饿了就啃块面包，困了便趴在桌子上打盹。总之，珍惜今日者不胜枚举。

有些人总把时间当做日历来看，觉得撕了这一张，还有下一张，撕完了这一本，还有下一本，却不知道在洁白如雪的日历上留下自己辛勤奋斗的汗水和学习工作的收获。那样，他们从呱呱落地到长眠地下，都是在闲散和等待中度过的。《钢铁是怎样炼成的》主人公保尔·柯察金曾说过这样一段话："人，最宝贵的是生命，它，给予我们只有一次。人的一生应当这样度过：当他回首往事时，不因虚度年华而悔恨，也不因碌碌无为而羞耻；这样在他临死的时候，他就能够说：我已经把我的整个生命和全部精力，都献给了这个世界上最壮丽的事业——为了人类的解放而斗争。"保尔的一生是充实的，是有意义的。相反，那些视时间为日历的人，他们的生活又是多么的空虚。如果人的一生如此度过，那么消逝的岁月将如一场凄凉的悲剧，留在个人生命上的回忆，也将是悔恨的泪水……

今日复今日，今日何其少。今日易失，更觉今日宝贵；时间易逝，更觉时间难返。不要留恋昨天，它是好是坏都像流水一样一去不复返。如果你不能抬头向前，那你将永远停留在历史的昨天。不要总是空想着明天，不去播种和浇灌，哪里会有花开花落，累累秋实呢？面对现实，假如你不去努力，那么，你的理想将永远不会实现。

亲爱的女孩要记住，宝贵的时间在于今天，想要有所进步，就要紧紧抓住今天。只要你一步步坚强地走下去，那么迎接你的将是美好的明天。今天是一颗流星，它稍纵即逝，为了人生不虚度，为了避免今后的那一句"我好后悔呀"，女孩，请把握今天，珍惜、用好今天的每一分每一秒，务必做到今日事，今日毕。

第十章 告别幼稚走向成熟

健康是本钱，要有保健意识

有这样一个年轻人，他总是抱怨自己太穷了，"要是我能有一大笔财富，那该有多好啊！到那个时候，我的生活该是多么快乐呀！"他总是哼着这样的老调。

有一天，一个老石匠从他家门口路过，听到这个年轻人的话，就问他："你抱怨什么呀？其实你有最大的财富！"

"我还有财富？"年轻人惊讶起来，"我有什么财富呀？"

"你有一双眼睛！你只要拿出一双眼睛，就可以得到你想要的任何东西。"石匠说。

"您说到哪里去了？"年轻人接着说，"无论您给我什么东西，什么宝贝，我都不会拿眼睛去换的！"

"那好吧。"石匠说，"那就让我砍掉你的一双手吧，你可以拿这双手去换许多黄金。"

"不行！我不会拿自己的手去换黄金的。"年轻人又说。

"现在你知道了吧，你是很富有的。"老石匠说，"那么你还抱怨什么呢？相信我吧，年轻人，一个人最大的财富就是他的健康和精力，这是无论用多少钱都买不来的。"

健康是上天给我们准备的最公平，最珍贵的礼物和最宝贵的财富。可以说，良好的健康状况和随之而来的愉快情绪是幸福的最好资本。失去了健康，你所拥有的一切终会随风而逝。

曾经有一位非常富有的人在他即将离开人间的时候，说出了一句语重心长的话，他说："如果现在有谁真的可以让我多活一天，让我跟孩子相处，那么我宁愿给他现在我所有拥有的财富。"

所以，只有当人们失去了健康的时候，才会发现健康是自己生命里最重要的东西。健康分为两部分，一部分是身体的健康，另外一部分是心理的健康。健康需要靠不断的自我操练，健康更要靠有效的纪律维持。

健康是自己每一分、每一秒、每一时、每一刻都需要关注的事情,而不是只有一时的冲动。有很多成功人士因为过度地忙碌自己的工作,照顾不到健康,因此经常在事业的巅峰或者是人生最高峰的时刻,却因为健康的问题而倒地不起。甚至我们看到国内非常有名的某集团的创办人,当年以包下飞机航线而名噪全中国,却在三十几岁最宝贵的生命阶段,因为健康因素而离开了人间,这是多么可惜的事情。

　　"身体是革命的本钱",一个人要是没有健康的身体和充沛的精力,那他必定没有充分的时间和精力发展事业和应对各种挑战。要注意锻炼身体,有健康才有未来。如果你想成就一番事业,你就必须有一个健康的身体;要想身体健康,首先要有保健意识。

　　宝洁公司董事长、总裁雷富礼在工作时间常说的一句话是:"休息一会儿,即使是加班的时候。"他告诉大家:"我已经学会了如何调控我的精力。过去我只注意如何管理自己的时间。我早晨5点到5点半之间起床,先锻炼,然后在6点半到7点之间到办公室,接下来一直埋头工作,直到晚上7点。下班回家后我会与妻子小聚片刻,之后再投入工作。每天都有一大堆的事情在等着我,因此我非常注意调整自己的精神和身体状态。

　　"在我接受这份工作的第一年,每个周六和周日早晨我都要工作。现在,我集中精力工作一个小时或一个半小时。然后,我会休息5至15分钟,四处走走,和大家聊聊天。这些都是我从宝洁公司为管理人员举办的一个'公司运动员'的活动中学到的。在那个为期两天的活动中,我还学会了改变自己的饮食习惯。过去,我几乎不吃早餐。现在我要喝一杯果汁和一杯酸奶,还要吃半个百吉饼。而且我一天吃五六顿,这是为了控制血糖水平,我可不希望自己的血糖水平忽高忽低。

　　"'公司运动员'项目的另一项内容是有关精神方面的,也就是让你做到心平气和。我正在学习沉思。我有60%的时间在出差,每当这时,我发现晚上在酒店房间里静思5分钟、10分钟或15分钟的效果,与健身锻炼一样好。总的来说,我觉得比以前更了解自己了。这一切有助于让我在巨大的压力下保持冷静。"

　　身体是工作生活的本钱。拥有健康,才能拥有一切,有健康的身体才能

挑起生活的重担,才能对社会有所贡献,才能享受生活带来的幸福。

某企业家说:现在我对健康和人生意义的认识转折非常大。以前忙起来经常一整天不吃饭或只吃一餐,加上工作带来的紧张压力,每天只能睡四五个小时,而且睡眠质量不高。所以一不小心就会感冒发烧,甚至出现面部神经麻痹等问题。但那时,自己并不重视体检。

在最近的一次体检中,正值中年的他被查出有"高血压、高血脂、高血糖"的三高问题。这次体检给他敲响了健康的警钟,也改变了他的工作和生活观念。

现在他隔天游泳一次,每次一个小时左右。每隔 2-3 个月就要体检一次。治疗之余,还找了中医进行调理,并开始学习太极拳。生活起居和饮食习惯也做了很大调整,不仅每餐讲究搭配,还每天睡 7 个小时左右。

医学之父希波克拉底曾讲过一句话,流传了 2400 年,他说:"阳光、空气、水和运动是生命和健康的源泉。生命在于运动,运动在于坚持。重要的是把运动当做生活的一部分,成为不可或缺的元素。"所以有人说,每天锻炼一小时,健康工作 50 年,幸福生活一辈子。

所以,亲爱的女孩,你要有正确的健康观念:一是要有生命第一、健康第一的意识,有了这种意识,你就会善待自己的身体、自己的心理。二是要注意掌握一些相关的知识。三是要定期去医院做身体检查。在条件允许的情况下,有计划地锻炼身体。

除上述几点以外,注意饮食结构,合理膳食以及注意养成良好的卫生习惯等,都是养成健康习惯的组成部分。总之,亲爱的女孩,你要知道,健康是"革命"的本钱,是成功的保证,不惜爱身体,你会得不偿失。

第十一章
要懂得竞争与合作

ZHE YANGZUO NVHAI ZUIYOUXIU

　　希腊的船业大亨欧纳西斯说过,要想成功,你需要朋友;要想非常成功,你需要的是比你更强大的对手。从这句话我们可以看出成功需要的两个潜在的重要因素:竞争与合作。只有既竞争又合作,我们才能顺利地做好每一件事情,并且把它做得更好。

　　亲爱的女孩,我们应当要培养竞争意识,合作意识,提高竞争能力,从而不断地完善自己,开阔自己的美好人生。

体会合作的愉快，拥有团队意识

在世界上的植物中，最雄伟的可属美国加州的红杉了，它的高度相当于30层的高楼那么高。按一般规律来说，越是高大的植物，它的根应该扎得越深，但是科学家却发现，红杉的根只是浅浅地浮在地面而已。可是，扎得不深的高大植物是非常脆弱的，只要一阵风就可以将它连根拔起，更何况红杉呢？但实际上，红杉是一大片红杉，而且大片红杉彼此紧密地相连着，一株连着一株，再大的风也无法撼动几千株根部相连的红杉。

虽说每株红杉的力量是渺小的，但是几千株红杉的力量却是无比强大的，它们靠着团结合作与大自然做斗争，最终获得了胜利。同理，每个人的能力和资源都是有限的，但是如果团队中的每个人都拿出自己的优势和大家分享，把各自的长处都叠加起来，那么这支团队的力量就是难以想象的。

这是一个在国外留学的中国学生的真实故事：圣诞节前夕，当他正在美国进修管理学硕士学位时，有一门课要求他们四个人一组到企业去实际参与编写系统方案。由于同组的另外三个美国人对系统开发都没什么概念，所以他这位组长只好重责一肩挑起，几乎是独立完成了所有的工作。方案上交后，厂商及老师对他们的（其实是他的）系统都相当满意。第二天，他满怀希望地跑去看成绩，结果竟然是一个B，更气人的是，另外那三个美国人拿的都是A。他懊恼极了，赶快跑去找老师。

"老师，为什么其他人得的都是A，只有我是B？"

"噢！那是因为你的组员认为你对这个小组没什么贡献！"

"老师，您该知道那个系统几乎是我一个人做出来的啊！"

"是啊！但他们都是这么说的，所以……"

"说起贡献，你知道吉姆每次我叫他来开会，他都推三阻四，不愿意参与吗？"

"对呀！但是他说那是因为你每次开会都不听他的，所以觉得没有必要再开什么会了！"

"那汤姆呢？他每次写的程序几乎都不能用，都是我帮他改写的！"

"是啊！就是这样让他觉得不被尊重，就越来越不喜欢参与，他认为你应该对这件事负主要责任！"

"那撇开这两人不谈，玛丽呢？她除了晚上帮我们叫外卖外，几乎什么都没做，为什么她也拿 A？"

"玛丽啊！汤姆跟吉姆觉得她对于挽救小组陷于分崩离析有极大的贡献，所以得 A！"

"亲爱的老师！您该不是有种族歧视吧？"

"孩子，你打过篮球吗？"

经过一番交谈，老师让他了解到无论做什么，都需要团队的合作才能达到目标。今天的他，每一天的工作都需要上级的提携、同事伙伴的帮助以及他人的大力配合。从那天开始，他就再也没有那么轻易地搞砸过自己的团队。

这个年轻人觉得自己为团队做出了很大的贡献，但结果却是如此。他忘记了，这是一个团队，不该不顾别人。只有大家精诚合作，这才是一个团队。不要认为别的成员都不如你，就不愿意跟他们一起做事，你要以你的团队为荣，大家共同努力，才能让自己的团队发展得更好。

有一家公司的老总讲过这样一件事情：

他有一位下属，这位小伙子的工作能力非常强，做事也非常积极，但是他什么事情都管，什么事情都做，从宣传到销售，到人事，到后勤，只要他遇到了，什么事都插一手，整天忙得不可开交。这位老总戏称："他甚至比我这个老总还要管得多做得多。"最后，老总给了他一笔钱，把他辞掉了。

这位老总的道理是：虽然他的确是一个人才，但公司要的不是一个英雄，而是要一个分工合理、团结协作的团队。对于一个已经有一定规模的公司来说，组织是最重要的，而他却已经在无形中扰乱了公司的组织结构。况且，像他这样工作下去，迟早是要在自己的工作中出问题或者弄垮自己的。

我们不得不承认，这位老板的话是很有道理的。一个团体是分工明确、各司其职的，这样才能保证组织结构的稳定和工作的有序进行。

卡耐基说过："一个人的成功，只有 15% 是由于他的专业技术，而 85% 则

要靠人际关系和他的为人处世能力。"我们常说："一个篱笆三个桩，一个好汉三个帮"，合作本身就是自然界的法则。

大雁在空中飞行的时候，总是排成一字形或人字形。它们定期变换领导者，因为为首的雁在前头开路，能帮助其左右的雁群造成局部的真空。科学家曾在风洞实验中发现，成群的雁以人字形飞行，比一只雁单独飞行能多飞12%的距离。

要记住，一个人的才能和力量总是有限的，唯有合作，才能最省时省力，最高效地完成一项复杂的工作。没有别人的协助与合作，任何人都无法取得持久的成功。

亲爱的女孩，如果你本身就很优秀，那么与别的优秀者一起合作，就会相映生辉，相得益彰，强强联合，让自己更优秀。而如果你本身能力并不出众，那么与别人合作会让你成功的几率提高很多。无法与他人和睦相处、精诚合作，是很多人与成功无缘的原因之一。

所以，亲爱的女孩，凡事你要多找同伴商量、切磋。因为一个人的智慧和力量总是有限的，尤其是对你来说。我们生存在一个充满竞争的时代，成功似乎变得越来越艰难。正因为如此，我们才更要学会与别人合作。而且你也会慢慢发现，以团体为荣，你会更快乐、更优秀。

合作的大敌是嫉妒

佩思说过,嫉妒者给别人带来的是烦恼,给自己带来的却是痛苦。是的,正如他说的那样,嫉妒别人的人,打击不了别人,只是伤害自己罢了。

女孩的嫉妒好比肩上负着重担,会使自己弯腰驼背。同样,女孩嫉妒别人或对生活不满,也会使自己因冷漠而显得苍老。生活中,有些女孩特爱嫉妒别人。这种女孩看不得别人比她好、比她优秀、比她完美。如果让她遇见比她好的人,就会用恶毒的语言诽谤别人,甚至无中生有,搬弄是非。这种女孩就是没文化修养、无德。这样的女孩很让人可怜,她们活得太假、太累了,每天把自己沉没在虚伪的世界里,活得不快乐,活得没有了自我,没有了尊严。

要知道,爱嫉妒的女孩是不会幸福的,更不会有众多的朋友,因为这样的人把心思都用在怎样去嫉妒别人,怎样去中伤他人方面,不会获得他人的喜欢。

女孩要想活得快乐,就要给别人以坦诚,给别人多一些微笑,要善待身边所有的人,不要用嫉妒的眼光对待他们,这样就会朋友多多,开心多多,幸福多多,自己也会成为一个快乐的人,幸福的人。

还记得我们都熟悉的那个例子吗?第一次登上月球的航天员,其实共有两位,除了大家所熟悉的阿姆斯特朗外,还有一位是奥德伦。当时阿姆斯特朗说的"我个人的一小步,是全人类的一大步",在全世界已经家喻户晓。

有一个记者,在庆祝登陆月球成功的记者会上,突然问奥德伦一个很特别的问题:"让阿姆斯特朗先下去,成为登陆月球的第一个人,你会不会觉得有点遗憾?"问题一提出,全场的气氛变得有点尴尬,全场都为他的答案捏一把汗。奥德伦很有风度地回答:"各位,千万别忘了,回到地球时,我可是最先出太空舱的。"他环顾了一下四周,又笑着说:"所以我是由别的星球来到地球的第一个人。"大家在笑声中,给了他最热烈的掌声。

不去嫉妒他人不但是一种修养,更是女孩的一项美德,因为团队的成功就是每个人的成功。那么,女孩,你会不会欣赏同学或同事的成就呢?你会不

会愿意从心里给别人热烈的掌声呢？

　　几十年过去了，或许，人们已经不再记得奥德伦，他大度而不失幽默的回答也渐渐被我们忘却。但几百年之后，即使人类已经到月球繁衍生息了，我们还依然需要奥德伦那样的美德——玉成他人，真诚分享朋友的快乐，不让尘土般的忧烦、懊恼、侵扰我们洁净如莲的心灵。

　　每个女孩都应该记住的一句话是，美德犹如耳鸣。如果别人得到了一团叫做"不遗憾"的火，就请你微笑着将自己手中那一块叫"遗憾"的冰递过去，当冰融的时候，你的心注定会转暖。自己不曾拥有，就快乐地欣赏别人的拥有，不让日子沦于暗淡，不让心绪陷于颓丧，这是我们每个女孩一生都需要努力、需要坚持的。

　　有的女孩在生活中可能会遭到别人的嫉妒，因为才能出众，比别人人缘好。或许有些人尽挑你的不是，拿你的缺陷在大众面前公开评论，以慰藉他们失落的心绪，证明自己只是没有碰到聪明的伯乐。这种嫉妒扭曲了人性，扭曲了灵魂，扭曲了人的正常情绪。这时，你需要忍受，这样，那些说你的人会感到自己终于胜了你一回，他们得意了，一切嫉妒也就会终于此，而不会再有扩大的可能性，同时你也可以得到他人的尊重。

　　要知道，嫉妒是魔鬼，更容易使自己身陷泥沼，蒙蔽了那本就浅薄的内心，更加使人忘记了奋斗。因此，女孩要像忍受孤独和痛苦那样忍受嫉妒，还要学会用时间和努力来粉碎嫉妒。

　　在古代，孔子就曾说过：聪明圣智，守之以愚；功被天下，守之以让；勇力抚世，守之处在鲜花与掌声中时，更需谦虚、谨慎，这不仅能防备被嫉妒，而且能从根本上调整自己。女孩应该学会以妥协、退让的方式来面对嫉妒者，这样，就会让他们感受到你真诚的爱心，这些爱心可以融化那些嫉妒者，从而消除和化解嫉妒。

　　女孩要记住，不要因为别人的嫉妒就放弃自己的理想，让自己成为一个平凡的人，让自己的潜力没有爆发的地方，而是要懂得，从另一方面来看，别人的嫉妒其实是对你能力的肯定，不要忍受不了别人的嫉妒，而与他人发生争执，这样只会起到相反的作用。聪明的女孩懂得利用他人的嫉妒作为自己能力的体现，懂得利用别人的嫉妒来不断激励自己，促进理想的实现，在嫉妒的催化下把所有的事情都做得更好。

　　总而言之,请不必嫉妒他人,你只需要更努力;也不必为被他人的嫉妒而烦恼,你只需要不断进步,让这嫉妒变成一种欣赏。

抓住机会，表现自己

有人说，人生的得失，关键在于机遇的得失。快跑的未必能赢，力战的未必得胜，一味只知道埋头苦干的未必就可以春风得意、功成名就。然而，没有谁会心甘一生都庸庸碌碌，默默无闻，没有谁不期盼自己轰轰烈烈，甚至流芳千古。其实，在人生的道路上，如果你能够一马当先，抓住机遇，哪怕只比别人早那么一小步，你也会最终大获全胜。所以说，善于识别与把握时机是极为重要的。

马克是一名纽约城的出租车司机，他一直记得这样一件事。

那是一个阳光明媚的春天的早晨。马克正在街上开着车，耐心地寻找着乘客。这时，他看见一位衣着考究的男人，从街对面的医院出来，向他招手，要搭他的车。

"请带我去加西亚机场。"乘客说。和平时一样，为了解除车上的寂寞，马克和他聊了起来。乘客的开场白很普通："你喜欢开出租车吗？"

这是一个很俗套的问题，马克便给他一个俗套的回答。"很好，我做这个挣钱，有时还能遇到一些有趣的顾客。但如果我能得到一份周薪100美元以上的工作的话，我就不开的士了。"

"哦。"他答应了一声。

"您是做什么的？"马克问他。

"我在纽约医院神经科上班。"乘客说。

马克和乘客稍稍聊了几句，汽车就已经离机场不远了，这时，马克想起了一件事，试着想请这位乘客帮个忙。"我能否再问您一些问题？"马克说，"我有一个儿子，15岁，是个好孩子。他在学校里功课很好。我们想让他今年暑假去夏令营，但他想要一份工作。而现在人们不会雇用一个15岁的孩子，除非他有一个经济担保人——而我却做不到。"马克停顿了一下，"如果可能的话，我想请您给他找一份暑期打工的工作，好满足他的愿望。"

这位乘客听了，沉默着，没有说话。于是马克开始感到对一个陌生人提这样的要求,似乎有些欠妥。可是,过了一会儿,他对马克说:"医院里有一份差使,现在正缺一个人。也许他去很合适,让他把学校的记录寄给我。"

说着,他把手伸进口袋,想找一张名片,但却没有找到。"你有纸吗？"他问。

马克撕了一张纸给他,他在上面写了些什么,然后付了车费走了。后来,马克再也没有见到过他。

那天晚上,马克全家围坐在起居室的餐桌旁,马克从衬衣口袋里掏出了那张纸。"罗比",马克兴高采烈地对他说,"你可能找到工作了。"他接过纸,大声地念着:"弗雷德·布朗,纽约医院。"

妻子问:"他是一名医生吗？"

女儿接着问:"他是个好人吗？"

儿子也疑惑地说:"他不是开玩笑吗？"

第二天早上,罗比寄去了他的学校记录。过了几天,也没有什么回音,渐渐地,马克一家也就将这件事淡忘了。

两个星期后,当马克下班回家时,儿子高兴地迎接他,给他看一封信。信的开头是这样写的:"弗雷德·布朗,神经科主任医师,纽约医院。"信上要求罗比打电话给布朗医生的秘书,约好时间去面试。

最后,罗比终于得到了那份工作,周薪是 40 美元。他愉快地度过了那个难忘的暑假。第二年夏天,他再次去这家医院工作,但这一次的工作要比打扫房间、做清洁卫生的杂工复杂多了。

到了第三年,他又去了那家医院上班。渐渐地,他爱上了医护这份职业,干得相当出色。

后来,罗比考取了纽约医科大学。他的学习成绩很好,毕业后,他拥有了自己的私人诊所。马克全家——包括罗比自己在内都没有想到,就因为当年到医院里去做了几年杂工,会培养他一生对医护工作的兴趣,并且一帆风顺地取得了好成绩,获得了事业上的成功。

读完马克一家的故事,有人会说,这是运气。但这件事可以告诉你,在每个人的一生中,都会有好机会。然而,好机会往往源于很普通的事情,即使普通得只是发生在出租车上的一次谈话。

　　偶然的一次打发无聊的谈话竟鬼使神差地决定了孩子的前途，机遇的力量在这里表现无遗。然而，如果我们能够大胆地假设，就会发现偶然也未必就是机遇。如果这位有心的爸爸没有在医生下车前的最后时刻，"冒昧"地提出他的请求，那么，后面一连串类似多米诺骨牌效应的事情也不会发生。所以说，偶然的"冒昧"，偶然的冒险，甚至偶然的"冒失"，都有可能成为改变人生的机遇。

　　机遇的出现既出人预料，又在情理之中。在与机遇不期而遇时，如何抓住机遇，并没有固定的模式和准则可循，但过人的洞察力和判断力无疑是非常重要的。亲爱的女孩，请努力做好准备吧，学会在合适的时候表现自己，让自己成为命运女神的垂青者。

吸取自己和他人的失败教训

绝大多数的人都喜欢听他人谈成功的经验、喜欢听成功的事例,而忽视了失败的关键。而成功的人则不同,他们非常清楚自己现在的成功都是基于过去的失败,他们都善于从自己和他人的失败中汲取教训,所以,才一步步地走向了成功。

美国有一个叫罗伯特的人,用几年时间收集了七万多件"失败产品",然后创办了一个"失败产品陈列室",并一一配上了言简意赅的解说词。这一展览给我们以真实深切的警示。其实,失败并不可怕,重要的是如何面对失败。如果从失败中吸取教训,那么失败在一定程度上也算是成功。

一位雕塑家得到一块质地上等的大理石,他拿凿子敲下一块碎屑后,立即停下来,经过思索,他决定放弃雕塑。后来,雕塑家米开朗基罗得到这块大理石,并把它雕刻成旷世杰作——大卫像。细心的观赏者指出大卫背上的一道明显的伤痕,为其不能拥有百分之百的完美而惋惜。米开朗基罗纠正道:"那位先生的雕刻和放弃都是极其认真的,留下的那块伤痕,无时无刻不在提醒我,让我的每一刀、每一凿都千百倍地细心,不能有丝毫的疏忽大意。"

米开朗基罗道出了他获得成功的秘诀,那就是吸取别人的教训,认真做好每一件事。其实,别人的教训是我们学习和借鉴的经验,可使我们避免重蹈覆辙,更好地走向成功。

可以说,成功的道路并不平坦,没有哪件事是唾手可得的,即使付出了艰辛的努力,但或者由于经验和知识的不足,对事物认识上还有一定的缺陷,或由于客观条件的限制,也难免会造成失败。所以,只有善于总结失败的教训,冷静思考,分析失败的原因,从中找到失败的症结,学习别人成功的经验,才会使自己"吃一堑、长一智",为成功奠定基础。

关于这一点,一位企业家曾这样描述:这个没什么好评论的,我认为,等你什么时候能看别人惨败的经验看得一身冷汗,你就离成功不远了。学习、吸收可以帮我们节省很多时间、精力——生命的"纸条"告诉我们,我们不能

第十一章　要懂得竞争与合作

233

荒废时间和精力。

事实上，每个人都可能成为我们的老师，所以，我们要善于从别人的失败中学习经验，避免同样的错误发生在我们身上。善于总结前人失败的教训，也是走向成功的途径。

在现实生活中，我们不仅要认真对待他人失败的教训，也要吸取自己失败的教训。只要为成功寻找教训，并通过不断的努力，我们最终都会走向成功。泰戈尔哲理诗中有句名言："当你把所有的错误都关在门外，真理也就被拒绝了。"这话意味深长且发人深省，向世人揭示出错误与失败也有不菲的价值。有这样一个招聘文职人员的真实故事：

招聘过程十分简单，就是让每个应聘者讲一则生活、工作中失败的故事。应聘者当中不乏博士、硕士，但老板最终只录用了一位通过自学考试的大专生。

这位大专生讲了这样一件事。她先前在一家乡镇企业做文秘工作。公司不是很大，只有20多人。老板有一个习惯，就是每个星期一早上要例行向员工讲一次话。有一次，原先起草讲话稿的秘书生病了，写稿的任务就交给了她。她按照老板交代的思路很认真地写了，而且在星期一早上准时把发言稿交到了老板的手上。可谁知老板念讲稿时，读错了几个字，引起哄堂大笑。老板很生气，便将她辞掉了。

她虽然被辞掉，但没有立即离开，而是在想为什么老板会念错字。经打听才知道，老板只有小学文化程度。为此，她很自责，要是在那些难认的字旁注上同音字就好了。她说，她不怪老板辞退了她，她只怪自己工作的主动性不够，对老板的基本情况不了解，这是做文秘工作的大忌。

这位老板听女孩讲完后，很有感触，他认为一个20几岁的女孩，在失败面前不是一蹶不振，怨天尤人，而是努力去找出原因，从失败中寻找经验教训，这样的人潜力无限，于是决定录取她。

从这个事例中我们不难看出，吸取教训，关键在于培养用心做事的态度。用心，是一种积极、主动，科学的态度，更是一种责任，一种执著追求的优秀品格。有了这种态度，才能在做事中保持强烈的上进心，养成不断总结经验教训的习惯，让自己不断获得进步。

在美国,有个叫道密尔的企业家,专买濒临破产的企业,而这些企业在他手中,又一个个起死回生。

有人问:"你为什么总爱买一些失败的企业来经营呢?"

道密尔回答:"别人经营失败了,接过来就容易找到它失败的原因,只要把缺点改过来,自然会赚钱,这比自己从头干省力多了。"

道密尔的聪明之处就在于他懂得失败价更高,别人不行的,他行,别人跨越不了的,他能跨越,把别人的失败变成了自己的财富。

可以说,人的一生其实就是在不断的失败中取得成功的一生。亲爱的女孩,不要盲目模仿所谓的成功,而应该结合自己的实际,在每一个阶段寻找最适合你发展的思路和方向。面对失败,需要的是沉着冷静,理性对待。以失败为镜子,找出失败的原因,勇敢跨过去。

第十一章　要懂得竞争与合作

第十二章
善于思考,懂得学习

ZHE
YANGZUO **NVHAI**
ZUIYOUXIU

　　为了生存,每个人都要通过学习获得知识技能或经验。任何成功都不是天上掉的馅饼,而是通过学习,通过自身的努力获得的。所以说,人们为了生存都要学习,更何况你想成为一个优秀的人呢?而在学习的过程中,思考是必不可少的。唯有思考才能出真知。

　　要记住,为了生活得更好,更有成就,就要不断地学习,并且在学习的时候不要忘记思考。

盯住老师，与他的思路同步

布鲁纳说："知识的获得是一个主动的过程，学习者不应该是信息的被动接受者，而应该是获取过程的主动参与者。"靠谁来把学生引到这种主动参与的过程中去呢？毫无疑问，就是老师。老师讲课时，一般是根据课程的内容来设计讲课的程序的。所谓老师讲课的思路，就是在讲课程序中提出问题、明确问题、分析问题、解决问题的思维逻辑系统。听课时，注意力有没有集中，主要表现在课堂上同学的思路有没有紧跟老师讲课的思路走。要紧跟老师的教学思路，需要做到以下几点：

首先，必须认识到老师上课时的主导作用。

上课是我们在老师的组织和引导下的科学认识过程，老师的作用是给我们导航，让我们开窍。中学教师一生中专攻一门学科，在教学中积累了丰富的经验。人类总结出来的知识，经过教师在备课中加工后，根据我们认识事物的特点，用科学的原则和方法，恰当地组织教学过程，善于将传授的知识，用确切的事实、浅显的道理、生动的语言表达出来，使之变得既容易又不流于肤浅，既有营养又易于消化。在课堂内，这些知识转化为学生个人的知识，并在这个过程中，使我们的各种认识能力得到迅速发展。如果我们想走学习的捷径，就要跟随老师的脚步。

在我们学习的过程中，老师的主导作用不可忽视。例如，对一篇文章，我们看名师讲授的光盘和在教师的引导下学习的效果是不同的，其中的原因就在于教师的引导作用。例如，老师讲《草原》一课，处处起着引导的作用。第一自然段的导语是："同学们，谁还记得描写草原的诗歌或者是歌颂草原的歌曲？"这样可以激发我们纷纷回答的欲望。老师还要求学生模仿文中的优美语段造句。这样一堂课下来，肯定要比单纯听录像带要好。因为在老师的引导下，学生能在课堂上积极回答问题，积极思考。

其次，要积极思考，才能跟着老师的思路走。

当讲到一个新概念时，要想一想为什么建立这个概念，它是怎样由实际问题或已有概念抽象出来的;讲到定理,就要想一想这个定理表达了哪些概念之间的联系;讲到定理的证明,就要想一想已知条件是什么,未知条件是什么,证明的主要思路是什么,哪些是关键步骤;讲到应用和例题,就要想一想应用时有什么条件限制,有什么实际意义等等。

这样,既能紧跟老师的思路,又能充分发挥独立思考的能力。但是,当遇到有的地方听不懂的时候,我们必然感到跟不上老师的思路。这种情况经常发生,学习困难的学生尤其突出。这时,我们可以先冷静地思考一下,如果一时还不明白,就应当先作个记号,暂时放下,以免影响后面的听课。有时,一时没有听懂,在继续听课的过程中,当老师从另一个角度讲解或返回补充时,也许就清楚了。如果听完一节课,某些地方仍不明白,这时可请教老师和同学,直到明白为止。我们应尽量不要打断老师的思路,也不要钻牛角尖,非要弄懂自己的难点,而耽误老师后面的授课。

第三,要抓住重点,突破难点。

注意听老师强调的地方,这往往是本节课的重点或难点。要注意听老师所讲的开头与结尾。开头往往起着承上启下的作用:概括上节课的内容或复习本堂课要用的旧知识,引出新课的问题。结尾总是把讲课或实验内容概括总结起来,或再次强调、点明重点和难点。注意听预习中不懂或不理解的地方,这是自己的重点和难点,只有掌握了文章的重点、难点才能提高学习成绩。

第四,要做到积极发问,主动答问,热情地参加讨论。

在学习过程中善于发现问题进行探索,不失为一种好的学习方法。在同一教室里听同一位教师的课,教材和课时相同,大家的智力也差不多,有的人漫不经心,被教师"牵"着鼻子走;有的思维活跃,深思揣摩,不断提出"为什么"。下课后,前者迷迷糊糊似懂非懂,无所补益;后者释疑若干,获益良多。可见发问探索法对学习来说是多么重要。俗话说:"好问无须脸红,无知才应羞耻"。不敢大胆地发问探索,结果会使问题愈来愈多,学习无法深入,愈学愈被动。

既要敢于发问探索,又要善于发问探索,这就需要我们独立思考,刻苦钻研。思考了、钻研了,就会不断给自己提出问题,督促自己去寻找答案。我

们在渴求知识的过程中,经过深思熟虑,发现问题、提出问题、分析问题、解决问题,既积累了知识,又培养了爱思、多思、善思和探索的习惯。

所以,亲爱的女孩,要想做一个会学习的人,我们要充分利用老师这一资源,盯住老师,与他的思路同步。

图书馆，学习的极佳环境

一分辛苦一分寸，勤能补拙是良训。很多先天条件不好的人通过自己的努力都做出了很大的成绩，这说明只要努力了并方法得当，就能有所收获。人处在环境之中，随时受到环境的影响，同时也影响着周围的环境。"孟母三迁"说的是孟母择邻教子的故事，"择邻"就是选择良好的客观环境，为孟子的学习创造良好的条件。所以说，创造一个好的学习环境，能起到事半功倍的作用。

知识是人类进步的阶梯，而书籍是大多知识传承的载体。图书馆，为同学们提供了丰富的图文资料，而且提供了安静的学习环境，这应该是学习生活里一个非常好的去处。古今中外，马克思、列宁等一些伟人，都是与图书馆分不开的，他们都与图书馆结下了不解之缘。

无产阶级革命导师马克思充分利用英国不列颠博物院图书馆写成了《资本论》这部巨著。为了写《资本论》，马克思在大英博物院图书馆不间断地研究了 25 年，他做过笔记、摘录的书就达 1500 种以上，读过的书更是无法统计了。据《马克思在伦敦》一书的作者说，马克思每天都坐在环形阅览室的 07 号座位上，座位下的水泥地面深深印下了他的脚印。马克思曾经这样形容过他和图书馆的密切关系："我已经大约两个星期没有写东西了。因为：当我不在图书馆的时候，……无论有多么好的愿望，也总是不能动笔。"

法国著名的批判现实主义大师巴尔扎克在 8 岁时，父亲送他到旺多母寄宿学校读书。他勤奋好学，被教师破格允许进图书馆随意借阅书籍。从此，他如鱼得水，如饥似渴地苦读。他兼采博涉文学、科学、神学、历史等方面的书籍，获取了大量的知识，丰富了他的头脑和心灵。大学毕业后，他白天跑图书馆，晚上整理，终于创作出了辉煌的巨著——《人间喜剧》。

司马迁能写出不巧的《史记》，除了考察了大半个中国外，还得益于他任太史令掌管图书时读尽了当时官方所藏的图书。

汉代大哲学家王充，每天都跑到洛阳街上的铺里去读书，从而积累了丰

241

富的知识。

毛泽东也是学识渊博的学问家,他从图书馆起步"走向世界"。毛泽东向友人叙述时说:"我没有进过大学,也没有留过洋,我读书最多的地方是湖南第一师范学校,它替我打好了文化基础。但在我的学习生活中最有收获的时期却是在湖南图书馆自学的半年,我就像牛闯进了人家的菜园,尝到了菜的味道,就拼命地吃个不停一样。"

1959年,郭沫若曾为北京图书馆主编的《图书馆学通讯》题诗:"图书本是心条理,更将条理化图书。客观事汇凭登录,遗产菁英赖储蓄。归类别门成秩序,节时省力有乘除。稻田亩产千斤黍,此与农耕并不殊。"表达了对图书馆的笃爱。

我国当今著名数学家陈景润,早在福州英华中学读书时,常常在课余时间上校图书馆大量自学课外参考书,借书记录卡表明,有的书他借过不止一次。

伟人与图书馆的故事不胜枚举,看了上述事例,我们可以清晰地了解书籍在人成长过程中举足轻重的地位,这也启示我们要善用图书馆,把握机会,利用大好时光汲取更多知识,提高自身素养,为事业之路奠定基础。

同学们在学习过程中需要图书馆:一是图书馆有安静的环境;二是图书馆作为知识的海洋,它拥有丰富的藏书并使人产生求知的欲望;三是图书馆有课堂所学知识的延伸和课堂以外的各种综合性知识。

中学阶段是我们学习知识的黄金时期,同学们正处在青春期的成长阶段,记忆力和理解力都进入最佳时期,获取知识的能力也空前增强。21世纪是一个信息时代,在这个高速发展的社会当中,要想适应社会的发展,做时代的弄潮儿,就必须不断扩充自己的知识,最大限度地占有知识。因此,在进入中学以后,同学们要有意识地培养自己良好的学习习惯,养成独立思考、自主探究、敢于创新的思维品质,利用图书馆丰富的信息资源,加强自己的课外阅读,丰富自己的视野,多读书,读好书,做新世纪的优秀接班人。

知识浩如烟海,知识信息层出不穷,那么你怎么检索、怎么收集、怎么利用?这些都要求我们必须学会利用图书馆,才能在未来激烈竞争的信息社会里让自己有足够的知识储备。

进入图书馆之后,首先要了解图书馆的一些基本情况。

一是馆藏状况:看看图书馆藏有哪些方面的优秀图书,并且要看哪些书是可以借阅的,哪些书是仅供我们查阅。

二是借阅规则:作为读者要遵守哪些规章制度,如借阅方式、借阅期限、借阅数量等。

三是检索方式:怎样才能找到自己想要的图书资料呢？可能有些同学注意到了,在图书的书名页上有一个标签,上面有一组由字母和数字组成的号码,这组号码就是索书号。索书号由中国图书馆分类法的分类号和著者号两部分构成,它是确定一本图书所在架位的依据。了解了索书号,就能准确迅速地找到自己需要的图书。另外,一些大的图书馆还配备有先进的信息检索系统,也可以帮助我们查找我们所需要的信息资料。

其次,要有一个明确的合理的阅读计划。

很多同学进入图书馆以后,面临浩如烟海的图书感觉无从下手,觉得这本也好,那本也不错,不知道究竟该看什么书。要解决这个问题,可在老师的帮助下,结合学习进度、个人兴趣、阅读能力制定一个科学合理的读书方案,并要长期坚持下去。

第三,要有一个专门的读书笔记。

我们不仅要多读书、读好书,还要做到会读书,科学地读书。"不动笔墨不读书",这是很多成功人士的经验。遇到比较好的文章、段落或者句子要及时摘录下来,以备将来之需。

总之,亲爱的女孩,图书馆为我们提供了学习的众多资源,我们要充分利用图书馆,经常到图书馆读书、学习。

提高自己的记忆力

我们听说过,许多著名的人物都有着非凡的记忆力。著名的桥梁专家茅以升小时候看爷爷抄古文《东都赋》,爷爷抄完,他就能够背出全文了。茅以升晚年的时候,还可以背出圆周率小数点后面百位精确的数字。著名植物学家吴征镒在十年动乱中,在缺乏资料和标本的情况下,全凭记忆力完成了近70万字的两部著作。拿破仑对于当时法国海岸所设置大炮的种类与位置,都能正确记忆,并且能轻而易举地指出部下报告中的错误。他甚至对各邮政驿站的距离也能清楚地记得,比当时法国的邮政大臣还厉害。拿破仑还可以记住见过的每一个士兵的名字和面容。他说:"没有记忆力的脑袋,等于没有警卫的要塞。"

记忆,是获取知识的必要和重要手段。对于学生而言,学习的最大障碍莫过于记忆力差。怎样克服记忆力差的困难,提高识记和学习的效果,是每一个学生都盼望解决的问题。

其实,人脑就像是一个图书馆,一个人学习的、记忆的东西都会保存在这个图书馆内。当他需要用的时候,就可以用。但是,如果图书馆的书库中根本就没有那本书,怎么可能借给你呢?记忆就是过去的经验在人脑中的反映。一个人只有先去记,才可能在脑海中再现。

有人说,人的记忆力是天生的。事实上,这种说法是错误的。人,尤其是孩子,记忆力的好坏不仅与遗传因素有关,更重要的是和记忆的条件、记忆的方法有关。有的人记忆力差,只是因为没有掌握记忆的规律,缺乏正确的记忆方法。只要通过自己有意识、有目的地培养,记忆力是能够提高的。

记忆力强的学生,能够迅速、准确、持久地掌握学习过的知识和技能,也能比较好理解、运用这些知识和技能。因此,亲爱的女孩,在求知的时候,掌握一定的记忆规律和记忆方法,培养科学的记忆习惯,发展自己的理解力、记忆力是非常必要的。那么,提高记忆力,有规律可循吗?有科学的方法可借鉴吗？答案是肯定的。

●理解记忆法

俗话说，如要记得，先要懂得。在看书或听课时，要做到理论联系实际，把科学概念或定理等通过联想来帮助理解，这样就容易巩固、记住新知识。有人曾做过试验，一篇百字文，理解之后大概用15~20分钟就可以把它记住了，如若不是这样，则要花费近1小时甚至更多的时间。

●重复记忆法

重复是学习之母，是同遗忘作斗争的最有力的武器之一。重复不仅有修补、巩固记忆的作用，还有加深理解的作用。心理学家艾宾浩斯的遗忘曲线告诉我们，遗忘是先快后慢、先多后少，因此要及时复习。艾宾浩斯还告诉我们，学习、记忆的程度应达到150%，这样才会使记忆得到强化，这种"过度学习"的方法，可以使学习过的内容经久不忘。

●奇特联想法

所谓联想记忆法，就是让孩子在记忆时，发挥想象，根据材料的特点，形成记忆的组织。如：接近联想，即把时间、空间、状态、特点等比较接近的事物联系在一起进行记忆；对比联想，就是把具有相反特点的事物联系在一起记忆。

●限时强记法

在规定的时间内去背诵一些数字、人名、单词等，可以锻炼博闻强记的能力。比如在3分钟内，背诵圆周率π小数点后30位数字或一段古文。

●开头结尾记忆法

从心理学的角度来说，每个人对事物的开头往往有一种好奇感，对结尾有一种结束感，而对中间最容易出现松弛麻木的状态。因此，父母可以让孩子有意识地记忆事物的开头和结尾，同时注重两者之间的连接，把要记的东西连成一个整体。比如说，如果要记忆一整篇材料，可以先分割成若干部分，然后再运用开头结尾记忆法。

事实上，一个人的记忆潜力是非常大的。据美国科学家研究，如果一个人始终好学不倦，他的大脑所能储存的各种知识，将相当于美国国会图书馆藏书量的50倍。而美国国会的藏书有一千多万册。可以想象一下，一个人的

大脑能够装下多少知识呀！苏联时期的一家杂志说："如果我们能迫使我们的大脑达到其一半的工作能力，我们就可以轻而易举地学会 40 种语言，将一本大百科全书背得滚瓜烂熟，还能够学完数十所大学的课程。"所以，亲爱的女孩，努力提高自己的记忆力，你会学到很多东西。

不要太在意自己的分数

"分,分,学生的命根。"在学校里流传着这样一个顺口溜,这表明有很多学生很在意自己的分数,以至于不能正确地对待考试。其实,分数本是对我们学习情况的一个检验,是老师、家长和我们自己反馈信息的一个渠道、一种手段,只是测评我们学业的一个参考,分数的高低并不能用来评判我们的一切。但在考试竞争日趋激烈的今天,分数的高低决定着我们的升级、升学、就业,在这种现实状态下,分数变成了目的,变成了我们和家长、老师追逐的唯一目标。

所以,这时候,你应该了解,考试只是检验我们学习情况的一种手段,是一项比较单一的检测,这基本上是对我们学到的书本知识的抽查,而分数永远只是个形式和手段。它不能证明我们真正学到了多少知识,也不能证明我们的品格与才能如何。总之,它不是衡量我们聪明与否的唯一标准。

爱因斯坦在4岁的时候还不会说话。这时,父母有点儿着急了:"难道他是低能儿,是个傻子?"父母赶紧为他请来了医生,却没有检查出什么毛病。小爱因斯坦在常人眼里,并不是一个聪明的孩子,这一方面是因为他不大会说,一方面则因为他总是提出一些稀奇古怪的问题,让人觉得有些低能、傻气,大人们甚至怀疑他的智商是否有障碍。人们无法理解,这个幼小孩子所提出的貌似可笑无知的问题,原来竟出自对未知世界的强烈求知欲。

爱因斯坦到了上学的年龄,父亲把他送到了离家不远的学校。与同龄孩子相比,小爱因斯坦依然显得十分木讷,动作迟缓呆笨。在班上,他的学习成绩很差,每次被老师叫起来背诵课文,便呆头呆脑一句也念不出来。同学们私下里都嘲笑他,认为他是一个"差劲的落伍生"。爱因斯坦就这样开始了他的求学生涯。

10岁那年,爱因斯坦成了一名中学生。此时的德国军国主义思想如洪水猛兽般到处泛滥,到处横冲直撞,在学校里也不例外。那些老师像军人一样将希腊文、拉丁文一个劲儿地往学生头脑里塞,而学生的职责就是背、背,整

天都是背。对这种学习方式，小爱因斯坦烦透了，于是，他有意无意间将自己的兴趣转移到了自学数学上，数学成了他中学时代最大的业余爱好。当然，他对数学的热爱来自于叔叔的影响。

爱因斯坦的叔叔也非常喜欢数学。有一次，爱因斯坦叔叔在纸上画了一个直角三角形，写了勾股定理，并神秘地对爱因斯坦说："这就是大名鼎鼎的毕达哥拉斯定理，2000多年以前的人就会证明了，你也来试一试。"12岁的爱因斯坦此时还不懂得什么叫几何，但他被这个定理迷住了，决心试一试。他一连几个星期苦苦思索，寻找着证明的方法，到第三个星期的最后一天，他竟然把这个定理给证明出来了。他第一次体会到了创造的快乐，他的创造才能开始被激发出来了。随着年龄的增大，爱因斯坦的眼界逐渐开阔，能使他产生兴趣的事物也变得越来越复杂。爱因斯坦在自己的道路上不断前进着。

不过，爱因斯坦在老师的眼里还是一文不值。一次家长会上，爱因斯坦的父亲问孩子的班主任，自己的儿子将来可以从事什么职业。这位老师竟直言说道："做什么都没有关系，你的儿子将一事无成。"这位老师对小爱因斯坦的成见非常深，认为他是一块朽木，已再无雕刻的价值，竟勒令他退学。就这样，爱因斯坦15岁那年就失学了，连毕业证都没有拿到。辍学之后，爱因斯坦靠着自己的自学能力，又学完了《大众物理科学丛书》。正是这本书，不但使爱因斯坦破除了宗教权威的迷信，而且引导他立下了探索自然奥秘的宏图大志。在爱因斯坦提出狭义相对论后，又提出了广义相对论。

我们知道，很多大科学家在小的时候都没有考得很好的分数，显得平庸无奇，有的甚至还很笨拙。但是谁又能想到，若干年后，他们都变成了改变世界的伟大人物。因此，只要肯努力，每个人都可以成才。

要记住，世界上没有两片相同的树叶，也不会有两个相同的人，如果总是用一把尺子去衡量各具特色的人，这的确太不公平了，因为每个人都有他自己的缺点和优点。女孩，也许你学习不好，将来当不了科学家，但你会办事、善交际，闯荡社会能如鱼得水、游刃有余；也许你将来成不了工程师，但你体育成绩出色，在运动场上能叱咤风云；也许将来你不会加入到博士、硕士的行列，但你憨厚朴实、吃苦耐劳，在广阔天地中同样能大显身手、大有作为。当我们用变化的尺子灵活地去衡量我们自身时,我们会发现,虽然我们的分数不高,但是我们有很多强项,更何况分数真的不能代表什么。所以,亲爱的女爱,虽然你的成绩不是很好,但不要"以成绩论英雄",你要有"天生我材必有用"的信念。

学习能力比知识更重要

在当今社会,学习能力是决定成败的重要因素,因为它可以让你打开未知天地,把你变成一个专家。可以毫不夸张地说,一个人要是丧失了学习能力,就等于放弃了成功。现在许多大企业在招聘新人时不再问:"你会什么?""你学过什么?"而是问"你能否学会我们让你掌握的东西"。

这就是一个变革的信号:学习能力比知识更重要。许多人认为,学习是青少年时代的事情,只有学校才是学习的场所,自己已经是成年人,并且早已走向社会了,因而没有必要进行学习,除非为了取得文凭。这是上个时代我们对学习的理解。在我们迎接知识经济时代到来的今天,学习的内涵已发生了巨大的改变。学习已没有时间的分隔,已没有人员的界定,没有场所的限制,学习变成了终生的事情,我们需要随时随地进行学习。

在生存竞争日趋激烈、知识更新不断加快、科技发展日新月异的今天,对新知识的学习就显得更加重要。一个人要想有所成就,要想生活得幸福美好,哪怕是不饥不寒地度过一生,都要付出巨大的努力,就需要活到老,学到老。

在当今时代,学习已变成一种责任、一种需求,成为生命的一部分。学习是一个长期的过程,不能朝喜晚厌,只有持久坚持,日积月累,才能有所收获。学习能力,就是以最快捷的速度、最简便的方式、最有效的形式获取准确的知识和信息。在市场经济条件下,谁能最先获取知识和信息,谁就能占有先机和主动。

提高学习能力是现代社会发展的要求。学习是人们掌握知识的基本途径,是人的道德品质形成的前提条件,是人类社会文明得以延续的手段。电脑和互联网的出现,塑造了地球的新生活,改变了人们的视野。过去任何时代都不可能实现的事情,现在瞬间便可以完成。每一个人都可以跟全球互动,大英博物馆的几百卷百科全书的信息在 5 秒钟的时间内可以发送到任何服务器上。当今时代正处在大发展、大变化、大变革中,知识的生命周期大幅缩短了,有效经验的生命周期大幅缩短了,让人们进行有效的、积极的、主动的学习。如果不积极主动地适应时代发展的要求,就会退步,就会落后,就会被时代所淘汰。要因"势"而进,因"时"而进,就必须在提高学习能力上下工夫。古今中外的历史都证明,哪个国家、哪个民族重视和推崇学习,哪个国家、哪个民族的进步发展就快,反之就慢,甚至停滞不前。

要提高学习能力,还必须在改进方法上下工夫。常言道,得法者事半功倍。掌握了科学的方法,就能在知识的海洋里遨游,就能不断地把握自己、充实自己、发展自己。

另外,还要注意的是,女孩的学习能力较之男孩并不一样,对于学习能力的培养,做到有的放矢,才能快速而有效地提升自己。

总的说来,女孩的语言表达能力强,女孩子开口说话比较早,能运用比较复杂的词语,会用一连串的话详细地说明一件事;女孩的洞察力强,很小就能在看照片看录像或者与人交往时,留意到对象的情绪;女孩的注意力集中;手工能力强,阅读能力强,女孩子的阅读一般比男孩子早一年左右,在拼写、词汇、造句、写作和阅读理解方面,女孩子的分数总比男孩子高。

此外,女孩做事具有良好的计划性,她们很小就懂得先做什么再做什么,喜欢一步一步来。相对于男孩而言,女孩缺乏数学方面的自信心,尽管女孩子在数学上可以做得和男孩子一样出色,但是她们总是怀疑自己的能力,以至碰到难一点的题目便可能轻易放弃。另外,女孩在学习上出现了问题不易被察觉,出现了学习问题,容易被老师忽略,因为她们总是静静地坐着,不懂也不会主动地提出来;女孩害怕失败;男孩子会轻易报出答案,而女孩子会很小心地扳着手指检验自己的答案,然后才会举手;女孩缺乏冒险精神,畏惧冲突,女孩子在很小的时候就愿意讲和、避免冲突,虽然在很多情形之下,这是好事,但如果是面临得失的紧要关头,女孩子就很容易轻易放弃;女孩缺乏对技术性事物的兴趣,不大愿意花时间观察电脑是怎么工作的、玩电脑游戏或者探测、研究抽象科学等。

所以,作为女孩,你不要为自己对诸如技术类的事物不感兴趣而倍感苦恼,你在语言上的能力让男孩望尘莫及,当然也不要自我设限,比如说在数

第十二章 善于思考,懂得学习

学上，并不一定就会比男孩差。当然，要提高学习能力，还要在学以致用上下工夫。就好比你看了100本游泳的书，如果不实践，还是不会游。

　　总之要记住，我们不仅要做一个有知识，有内涵的女孩，还要做一个随时懂得充电，有着较强学习能力的新时代女孩。

培养兴趣，你会得到意外收获

子曰："知之者不如好之者，好之者不如乐之者"。这句话告诉我们，兴趣在人的学习生活中非常重要。

你肯定会注意到，如果你对音乐有浓厚的兴趣，你就会优先对乐器以及有关音乐方面的书籍、刊物等发生注意，并表现出心驰神往；而对美术感兴趣的人，对各种油画、美展、摄影都会认真观赏、评点，对好的作品进行收藏、模仿；对钱币感兴趣的人，会想尽办法对古今中外的各种钱币进行收集、珍藏、研究；对跳舞感兴趣，就会主动地、积极地寻找机会去参加，而且在跳舞时感到愉悦、放松和乐趣，表现得积极而自觉自愿……

可以说，兴趣激发了人们的求知欲，让人们在自己向往的天地享受生命给予的精彩，从而获得成功。兴趣能让人苦中作乐，能让人乐此不疲，让人享受成功的喜悦。总之，兴趣让一切都变得更生动。

1828年的一天，在伦敦郊外的一片树林里，一位大学生围着一棵老树转悠。突然，他发现在将要脱落的树皮下，有虫子在里边蠕动，便急忙剥开树皮，发现了两只奇特的甲虫，正急速地向前爬去。这位大学生马上把它们抓在手里，兴奋地观看起来。

正在这时，树皮里又跳出一只甲虫，大学生措手不及，迅即把手里的甲虫藏到嘴里，伸手又把第三只甲虫抓到。看着这些奇怪的甲虫，大学生真有点爱不释手，只顾得意地欣赏手中的甲虫，早把嘴里的那只给忘记了。嘴里的那只甲虫放出一股辛辣的毒汁，把这大学生的舌头蜇得又麻又痛。他这才想起口中的甲虫，张口把它吐到手里。

然后，他不顾口中的疼痛，兴冲冲地向市内的剑桥大学走去。这个大学生就是查理·达尔文。后来，人们为了纪念他首先发现的这种甲虫，就把它命为"达尔文"。

如果你对大自然对生物不感兴趣，一定会想，几只虫子有什么好看的？更不会把他们放进嘴巴里。但达尔文可以，因为他对生物非常感兴趣，兴趣让他忘乎所以。

达尔文后来在自传中写道："就我记得的我在学校时期的性格来说，其中对我今后的人生发生影响的，就是我有强烈而多样的兴趣，沉溺于自己感兴趣的东西，深入了解了很多复杂的问题和事物。"

确实，兴趣是一个不平凡的东西，它让我们在知识的海洋中徜徉，让我们对知识充满着一种内心的渴望。我们想学习，我们渴望上进，我们对获得丰富的知识和好的成绩具有一种内在的持续的追求愿望。

"知之深则爱之切，爱之切则知之深"，这句话非常有道理。如果你在某一方面知识丰富，对它的兴趣就会越来越深厚。如果你对某项事物没有兴趣没有情感，就不会主动地学习这方面的知识。很多学生对学习不感兴趣，其中有基础差的原因，这样学习兴趣就不浓，掌握的知识自然就越来越不扎实，形成一个不太好的循环。

美国实用主义哲学家、教育家杜威把兴趣看成是学习的原动力。许多科学家取得伟大成就的原因之一，就是他们对自己所做的工作具有浓厚的兴趣。

亲爱的女孩，如果有权力选择做自己感兴趣的事情最好。如果有些事你不怎么感兴趣，但必须去做，比如学习，那为什么不培养自己对它的兴趣呢？我们可采取以下方法让自己对学习产生兴趣。

● 积极期望

积极期望就是从改善我们的心理状态入手，对自己不喜欢的学科充满信心，相信该学科是非常有趣的，自己一定会对这门学科产生信心。想象中的"兴趣"会推动你认真学习该学科，从而导致对此学科真正感兴趣。比如说，如果你对地理毫无兴趣，那么，不妨做这样的练习："我喜欢你，地理！"重复几遍之后，相信结果会有所改变。

● 培养自我成功感，以培养直接的学习兴趣

在学习的过程中，每取得一个小的成功，就进行自我奖赏，达到一个目标，就给自己一点奖励。有小进步、实现小目标则小奖赏，如让自己去玩一次自己想玩的东西；有中进步、实现中目标则中奖励，如买一件自己喜欢的物品等；有大进步、实现大目标则大奖励，如周末出去旅游等。这样，通过渐次

奖励来巩固自己的行为,有助于产生自我成功感,不知不觉就会建立起直接兴趣。

●保持兴趣的最容易的方法是不断地提问题

当你为回答或解答一个问题而去读书时,你的学习就带有目的性,就有了兴趣。准备一些问题是很容易,把每节的标题改成问题就是了。例如学习阿基米德定律时,你可问:阿基米德定律的内容是什么?它是怎样被发现的?怎样证明它的结论是对的?它的公式是什么?使用它应注意什么问题?我能不能用其他的办法推出?为了回答这些问题,一开始你是强迫自己详细看下去的,但是,一旦你真正地往下看时,你就会被吸引住。

●想象学习成功后的情景,激发学习兴趣

当我们满腔热情地去做任何一件事之前,一般都对它的结果有了预期的想象,从而激励自己坚持去做这件事情。例如你想象某个电影非常好看才促使你去看,假如你事先想象这个电影不好看,那么你一定不去看。厨师想象出自己做出来的佳肴是什么味道,继而辛苦劳作;作曲家想象出自己作出的曲子会产生怎样的声音,从而激发出他的创作热情。你可以想象自己的考试成绩优秀,可以顺利进入大学,为家庭为社会作出贡献,为个人创造好的前程。也可以想象自己考试成绩优秀,得到老师、家长的赞扬,得到同学们的羡慕等,从而激发学习兴趣,让想象帮助自己获得成功。

总之要记住,兴趣对一个人的个性的形成和发展、对一个人的生活有巨大的作用,往往是在一念之间,你的生活就会发生翻天覆地的变化,所以,我们要学会利用兴趣的力量。

多角度思考，不要在得到一个答案时就止步

　　成功的人，他的思维是全面的，在别人说1的时候，他应该想到的是2，有一个人就是靠这样多想几个问题而获得成功的。

　　核子物理学之父欧尼斯特·拉瑟福在担任皇家学院校长时，有一天接到一位教授打来的电话："校长大人，我有个不情之请，要拜托你帮忙。"

　　"大家都是老朋友，干吗这么客气。"

　　"是这样的，我出了一道物理学的考题，给了一个学生零分，但这个学生坚持他应该得到满分。我和学生同意找一个公平的仲裁人，想来想去只有您最合适……"

　　"你出的是什么题目？"

　　"题目是：如何利用气压计测量一座大楼的高度。校长大人，如果是你，你怎么回答？"

　　"这还不简单，用气压计测出地面的气压，再到顶楼测出楼顶的气压，两压相差换算回来，答案就出来了。当然也可以先上楼顶量气压，再下到地面量气压。只要是本校的学生都应该能答得出来。"

　　"对，你猜这个学生是怎么解答的，他说：先把气压计拿到顶楼，然后绑上一根绳子，再把气压计垂到一楼，在绳子上做好记号，把气压计拉上来，测量绳子的长度，绳子有多长，大楼就有多高。"

　　"哈，这家伙挺滑头的。不过，他确实是用气压计测出大楼的高度，不应该得到零分吧？"

　　"他是答出了一个答案，但是这个答案不是物理学上的答案，没办法表示他可以合格升到下一个阶段的课程啊。"

　　拉瑟福第二天把学生找到办公室，给学生6分钟的时间，请他就同样的问题，再作答一次。拉瑟福特别提醒，答案要能显示物理学的程度。

　　时间一分一秒地过去了，5分钟过后，拉瑟福看学生的纸上仍然是一片空白，便问："你是想放弃吗？"

"噢！不，拉瑟福校长，我没有要放弃。这个题目的答案有很多，我在想用哪一个来作答比较好。您跟我讲话的同时，我正好想到一个挺合适的答案。"

"对不起，打扰你作答了，我会把问话的时间扣除，请继续。"

学生听完，迅速在白纸上写下答案：把气压计拿到顶楼，丢下去，用码表计算气压计落下的时间，用公式就可以算出大楼的高度。

拉瑟福转头问他的同事，说："你看怎样？"

"我同意给他 99 分。"

"同学，我看事情就等你同意，便可以圆满解决。"

"校长，教授，我接受这个分数。"

"同学，我很好奇，你说有很多答案，可不可以说几个来听听？"

"答案太多了，"学生说："你可以在晴天时，把气压计放在地上，看它的影子有多长，再量出气压计有多高，然后去量大楼的影子长度，同比例就可以算出大楼的高度。"

"还有一种非常基本的方法，你带着气压计爬楼梯，一边爬一边用气压计做标记，最后走到顶楼。你做了几个标记，大楼就是几个气压计的高度。"

"还有复杂一些的办法，你可以把气压计绑在一根绳子的末端，把它像钟摆一样摆动，通过重力在楼顶和楼底的差别，来计算大楼的高度。或者把气压计垂到即将落地的位置，一样像钟摆来摆动它，再根据"径动"的时间长短来计算大楼的高度。"

"好孩子，这才像上过皇家学院物理课的学生。"

"当然，方法是很多，或许最好的方法就是把气压计带到地下室找管理员，跟他说：先生，这是一个很棒的气压计，价钱不便宜，如果你告诉我大楼有多高，我就把这个气压计送给你。"

"我问你，你真的不知道这个问题的传统标准答案吗？"

"我当然知道，校长。"学生说，"我不是没事爱捣蛋，我是对老师限定我的思考感到厌烦。"

拉瑟福遇到的学生名叫尼尔斯·波尔，是丹麦人，他后来成了著名的物理学家，在 1922 年获得诺贝尔奖。

这个小故事再次告诉我们，成功者都是善于从多角度考虑问题的，他们

不会满足于用一种答案解决某一个问题。

苏轼是我国古代有名的诗人,他的《题西林壁》想必许多人读后深有感触。这首诗告诉我们:看一个事物要从多个角度观察、思考,才能认识事物的本质。善于从多角度思考问题,多想问题是成功人士的一个思维特点,因为只有这样,才能在纷繁复杂中找准成功的方向和最佳的解决问题的办法。

因此,我们在遇到任何问题时,都要向成功者那样,从多角度思考,而不是在找到一个答案时就止步不前。

要学会思考

老教授马克生活朴素节俭，在教学上兢兢业业，他经常会在课堂上做一些试验，来启发学生们的思维。

这天，马克教授拿了一枚硬币开始做试验。"这是一枚硬币。"马克教授对全班学生说，同时用左手把钱举得高高的，以便每个学生都能看清楚。"而这里呢，"这位老教授继续讲，并伸手去抓一支试管，试管里装满了一种不透明的、乳白色的液体，"有一管酸液，我现在就把这硬币扔进试管中。"

他带着几乎是忧愁的目光做试验。然后，他又面向学生们，问道："各位认为怎么样，孩子们？这种酸液是否会强烈得足以把这枚硬币溶解呢？"

在座的学生们都开始积极观察和思考。这时，从大厅的最后一排传来了回答声："不会，无论如何都不会的！"

"很好！这个回答是对的。那么，你现在能不能告诉我，为什么它不会溶解呢？"

"那是显而易见的！"那学生胸有成竹地回答："要是这酸液能溶解硬币，那您必然只会拿出 1 芬尼硬币来做这样的试验，而不会拿 5 马克的硬币。"

因为善于思考，这个学生抓住了其他同学没有注意到的细节，轻松地回答了老师的提问。由此看来，思考对我们来说是再重要不过的，可是很多人却忽视了这一提升智慧的关键行为。

我们要善于思考，才能发现别人发现不了的东西。也正因为有无数爱思考、勤思考的人，我们才有了今天辉煌的成就。

我们都知道蒸汽机的发明者是瓦特，如果他在幼年的时候，看到烧开了水的壶盖被热气顶开的情景后并没有仔细想，没有多问几个"为什么"的话，那么就不会有后来的划时代的发明。也正是由于瓦特对事物进行了仔细的观察和认真的思考，才为他后来的成就打下了良好的基础，也正是由于他对事物仔细的观察和认真的思考，使一个司空见惯的生活现象，成为了一项伟大发明的重要启示。

善于思考能让人避开盲目性,要知道一个人只会盲目地相信,对自身的发展是没有利的。古希腊伟大的思想家柏拉图说:思考的危机,决定了一个人一生的危机;同样,思考的失败,也就决定了一个人一生的挫败。

一个不善于思考难题的人,会遇到许多取舍不定的问题,相反,正确的思考能产生巨大作用,可以决定一个人应该采取什么样的行动。

古希腊的拂里几亚国王以非常奇妙的方法,他在战车的车下打了一串结。说谁能打开这个结,就可以征服亚洲。结果一直到公元4年还没有一个人能够成功地将绳给打开。这时,亚历山大率军队侵入小亚细亚,他来到国王面前,不加考虑,便拔剑砍断了绳结。后来,他果然一举占领了比希腊大50倍的波斯帝国。

一个孩子在山里割草,被毒蛇咬伤了脚。孩子疼痛难忍,医院在远处的小镇上,于是孩子毫不犹豫用镰刀割断了受伤的脚趾,以短暂的疼痛保住了自己的生命。

亚历山大果断地砍短绳结,说明他舍弃了传统的思维方式,小孩子果断地舍弃脚趾,以短暂的疼痛换取了生命。在某个时刻,你只有敢于舍弃,才有机会获取更大的利益,即使要遭受难以避免的挫折,你也要选择最佳的失败方式。

正确的思考往往在于取舍之间,机遇的获取,关键在于你是不是能够在人生道路上进行勇敢的取舍。所有的计划、目标和成功都是思考的产物,你的思考能力,是你唯一能够完全控制的东西。可以说,没有正确的思考,就不会克服生存危机,如果你不学习正确的思考,挫败则会经常光顾你。

有一天晚上,卢瑟福走进实验室,当时时间已经很晚了,他看见一个学生仍俯在工作台上,便问道:“这么晚了,你还在干什么呢?”

学生回答说:“我在工作。”

“那你白天干什么呢?”

“我也工作。”

“那么,你早上也在工作吗?”

“是的,教授,早上我也工作。”

于是,卢瑟福提出了一个问题:“那么这样一来,你用什么时间来进行思考呢？"

后来，这个学生发现，每天傍晚，不管实验工作进行得顺利还是不顺利，卢瑟福总是在走廊里散步，那种神情表明他正在思考。

他经常对学生说："不要死记硬背，也不要满足于实验结果，而要学会思考。只有勤于和善于思考的人，才能获得知识，取得成就。"

行动固然重要，但是并不能因此忽略思考，思考将会指导行动。拉开历史的帷幕就会发现，凡是取得了重大成就的人，在其攀登科学高峰的征途中，都是给思考留有一定时间的。

马克思说："在科学的道路上没有平坦的大路可走，只有在崎岖小路上攀登的不畏劳苦的人们，才有希望到达光辉的顶点。"从这个意义上说，思考是我们获得成功的阶梯。不会思考的人是永远感受不到那种生活的快乐和美好的。

有人说，思考是黑暗中的光明，思考是绝境中的村落，是汪洋中的灯塔。在陷入困境中时，与其紧张慌乱，不如让自己静下来，镇定地思考一番。

亲爱的女孩，就让我们在学习中学会思考，在成长中学会思考，在失败与成功中体验思考的快乐吧。

你要有独立思考的能力

我们每个人都希望自己能成为具有领袖气质的人。一个具有领袖气质的人，是能够带领大家的人。拥有领袖气质，需要具备多方面的能力，但是独立思考的能力在这些能力中显得尤为重要。如果做事缺乏独立思考的能力，经常优柔寡断，就会失去许多竞争的机会和应该持有的利益。

领袖气质不是天生的，事先的培育与磨炼，同样可以产生领袖人物。

在一个寒冬的夜晚，有位阿拉伯人正坐在自己的帐篷里休息，只见门帘被轻轻地撩起，原来是他养的那头骆驼在外面朝帐篷里看。

阿拉伯人很和蔼地问它："有事吗？"骆驼说："主人啊，我冻坏了。恳求您让我把头伸进您的帐篷里来吧。"

主人心软了，说："没问题。"由于主人的大方，骆驼就把它的头伸进了帐篷。过了一会儿，骆驼又恳求主人："您能让我把脖子也伸进来吗？"主人说："好吧。"于是骆驼把脖子也伸了进去。骆驼的身体在外，觉得还是不太舒服，头在帐篷里摇来摇去。很快，它又对主人说："这样站着身体很不舒服，让我把前腿放到帐篷里来吧，也就占用一小块地方。"

阿拉伯人说："那你把前腿也放进来吧。"这回，阿拉伯人自己就挪动了一下身体，腾出了一点地方，因为帐篷太小了。

骆驼接着又说话了："其实我这样站着，帐篷的门关不起来，反而害得我俩都受冻。我可不可以整个站到里面来呢？"

阿拉伯人保护骆驼就像保护自己一样，说："好吧，那你就整个站到里面来吧。"可是帐篷小得可怜，是容纳不下他们两个的。骆驼进来的时候说："我想这帐篷是住不下我们两个的，你的身体小，你最好站在外面去，这样这个帐篷我就可以住下了。"

就这样，阿拉伯人被挤出了帐篷。

以上的故事告诉我们，无论何时何地，人都不能丧失自己独立思考问题的能力，一味听任摆布，只能糊里糊涂地上当。

教士问:"有两个人从高大的烟囱里掉下去,一个满身脏,一个很干净,谁会去洗澡呢?"

年轻人说:"当然是满身脏的人!"

教士说:"你错了!满身脏的人看着很干净的人想:我身上一定也是干净的;很干净的人看着满身脏的人想:我身上一定也是脏的。所以,是很干净的人去洗澡!"

教士接着问:"两个人后来又掉进高大的烟囱,谁会去洗澡呢?"

年轻人说:"当然是那个很干净的人!"

教士说:"你又错了!很干净的人在洗澡时,发现自己并不脏,而那个满身脏的人则相反。他明白了那位干净的人为什么要洗澡,所以这次他跑去洗了。"

教士再问:"第三次从烟囱掉下去,谁又会去洗澡呢?"

年轻人说:"当然还是那脏身子的人。"

教士说:"你又错了!你见过两个人从同一个烟囱掉下去,其中一个干净,一个脏的吗?

看完这个故事,在笑过之后,我们更应该感到独立思考的重要。独立思考不是人云亦云,追随在已有的想法和做法之后。那么,亲爱的女孩,你应该怎样培养自己的独立思考的能力呢?

教室中坐满了 10 岁左右的学生,他们被要求出一个主意,用以解决孩子上学途中穿越街道所遇到的问题。孩子们想到了各种在其他方面成功应用的方法,诸如:增加交通缓制设施,穿荧光色的背心以及对汽车限速等。这些观点是很寻常的,也是老师希望听见的。

只有一个人例外,这个学生建议学校董事会干脆卖掉学校,并且把教室搬到网上。这显然不是老师所期待的。

这个观点可能不实际,不常见,甚至不可行。但在它被同学们所嘲笑的同时,也表现了这名学生所敢于表达的一个独立思考的观点。

亲爱的女孩,你要知道,独立思考的能力要与习惯性思想的来源相隔离。所以,遇到问题时,你不要先用电视、网络或者是去图书馆找答案,要先自己想想。尽管你不能与世界相隔绝,但是你可以通过限制习惯性观点的摄

入量来增加你独立思考的量，这意味着减少接触媒体的时间和精力。要知道，独立思考者不一定是异类，但是他们不因循守旧，他们尝试以一种新的标准来看世界，而不仅仅是从屏幕前获取一切，这样对他们的帮助会更大，所获得的收益也会更多。所以说，亲爱的女孩，只有独立地思考，你才能成为一个独立的人。

积极探索，保持好奇心

好奇心是与注意力有关的一种重要心理现象，有了好奇心才继续观察、从中学习的可能。经过研究，人们发现，狼是世界上好奇心最强的动物之一，它们不会将任何事物视作理所当然，而倾向于亲身体验和研究。对于它们来说，无论是一根驯鹿的骨头、一只鹿角，一块野牛皮、一颗小松果，还是露营者遗留的登山背包，抑或是背包里面所包含的各种物品……大自然里每一种了无生机的物品，都有可能成为它们的玩具，每一种事物在它们的眼里，都蕴含着无穷无尽的可能——神秘、新奇的发现，或意外的惊喜，这些都令它们感到惊异与神奇。

先是好奇，之后就有观察的兴趣，这是小狼经常使用的学习方式。即使是在忙碌的狩猎期间，狼仍旧表现出对环境的高度好奇心。

一位长年在阿拉斯加进行研究工作的人，曾经以自己的亲身经历讲述了一个关于狼族的好奇心的故事：

有一次，这位研究工作者在寒冷的原野外，奔波于不同的观测站，进行资料搜集的工作。当他从雪车上下来，准备开始搜集资料时，一阵强烈地被"跟踪"的感觉突涌上心头。当他缓缓地转过身之后，恐惧感从头顶直窜脚底，吓得浑身发颤，直冒冷汗。

原来，他发现身后的一小片树林中，有五六只野狼正在凝视着他。当银灰色的狼群融入纷飞的白雪之中时，那情景美丽得令人震惊、令人畏惧。它们寸步不移，而他则是动弹不得。最后，当他缓慢地跨上雪车驶离现场，回头张望狼群时，发现它们仍旧站立在原处，凝视着他的离去。

过了一段时间，飞驰过好几英里的路途之后，他停在另一个观测站前，开始进行该处的资料搜集工作。就在此时，他又一次有了同样的感觉。当他转过头往后看时，清楚地看到同一群灰色的"鬼魂"，正以凝望的眼神勾引着他的心神。

当天，同样的情景不断地重复出现，直到他结束工作，返回基地帐篷为

止。他说,他已经习惯了这种情形,也能预期狼群可能跟随他的移动。

在那一整天里,狼群的表现充分显露出它们对他以及他的"雪车"的好奇心。它们并没有进行任何带有威胁性或攻击性的行为。只有当他滞留在某处工作时,它们才会远远地眺望着他,而他从来不知道它们究竟是如何从一处移动到另一处的。

由于好奇,狼群之间经常进行各种嬉戏,这与人类小孩子之间的嬉戏并没有什么差别。他们有时扭打,有时是躲藏在树木或岩石后面,设陷阱偷袭彼此,有时以各式各样的方法追逐友伴。狼族从这种赢得竞赛的过程中,学习到了"自信",同时也提高了寻找食物的技能。

人类也是如此。对任何事物都保持一种强烈的好奇心的人,兴趣往往十分广泛,创造力也特别强。这种人对大家觉得平常的问题,依然保持强烈的好奇心和旺盛的求知欲,驱使着他不断学习、积极进取。后来,人们就把这种好奇心巧妙地称为"狼性法则",以表示人类向狼族学习的决心。

可以说,对新事物好奇,并试图摆弄探索是孩子们的天性。我们都想要知道一些自己不知道的事,我们对很多事情都充满了好奇。我们最初的求知欲表现属于好奇心、对周围的许多事物都感到新鲜,喜欢去看、去摆弄。

英国著名科学家焦耳从小就很喜爱物理学,他常常自己动手做一些关于电、热之类的实验。

有一年放假,焦耳和哥哥一起到郊外旅游。聪明好学的焦耳就是在玩耍的时候,也没有忘记做他的物理实验。

他找了一匹瘸腿的马,由他哥哥牵着,自己悄悄躲在后面,用伏达电池将电流通到马身上,想试一试动物在受到电流刺激后的反应。结果,他想看到的反应出现了——马受到电击后狂跳起来,差一点把哥哥踢伤。

尽管已经出现了危险,但这丝毫没有影响到爱做实验的小焦耳的情绪。他和哥哥又划着船来到群山环绕的湖上,焦耳想在这里试一试回声有多大。他们在火枪里塞满了火药,然后扣动扳机。谁知"砰"的一声,从枪口喷出了一条长长的火苗,烧光了焦耳的眉毛,还险些把哥哥吓得掉进湖里。

这时,天空中浓云密布,电闪雷鸣,刚想上岸躲雨的焦耳发现,每次闪电过后好一会儿才能听见轰隆的雷声,这是怎么回事?焦耳顾不得躲雨,拉着哥哥爬上一个山头,用怀表认真记录下每次闪电到雷鸣之间相隔的时间。

正是强烈的好奇心和探索精神驱使着焦耳不断地思考,不断地解决一个个新问题,最终成了一个成功的物理学家。著名科学家贝弗里奇曾说:"科学家的好奇心通常表现为探索他所注意到的,但尚无令人满意解释的事物或其相互关系。他们通常有一种愿望,要去寻找其间并无明显联系的大量资料背后的原理。这种强烈的愿望可被视为成人型的或升华了的好奇心,所以好奇心是长久以来构成智慧的一项重要特征。"

可以说,每个人在成长的过程中看到自己不了解的事物时都想探个究竟,小的时候更是这样,我们会对自己所看到的一切都感到惊奇,常常会向父母问这问那,所以说,好奇心是促使我们学习、成长的良机。因此,亲爱的女孩,就让自己仔细观察生活吧。发现生活中的点点滴滴,让自己通过不断地思考获得更大的进步。

第十二章 善于思考,懂得学习

第十三章
锻炼自己的理财能力

ZHE
YANGZUO NVHAI
ZUIYOUXIU

　　即使今天的女孩还没有步入社会，但是激烈的竞争已经开始。要想在明天的社会里生存下来且有所发展，你必须有过硬的理财本领。俗话说："你不理财，财不理你。"真正决定未来生存状态和生活质量的关键，是养成良好的理财习惯。

理财,为未来着想

古代有一个卖油翁,他每次出门之前,妻子都要偷偷地从油桶里舀出一小勺存起来。一小勺油对于一大桶油来说,简直可以忽略不计,可是一年下来,居然存了一大桶。过年时,卖油翁正愁没钱过年,妻子就把自己存的那桶油拿出来,卖油翁又惊又喜,他们把油挑到集市上卖了,过了个丰盛的年。

故事中卖油翁妻子的行为,就是我们现代人所说的理财。今天,理财已成为一个很时尚的词,电视报纸,街谈巷议,总是能够频频遇到。已经有越来越多的人认识到了理财的重要性,卷入到理财浪潮中去。但也有人说,理财是富人们的事情,只有那些钱足够花的人才想着怎么理财。

亲爱的女孩,你也许会想,我现在还过着衣食无忧的生活,本无财,理什么?

如果这样想,那你就错了,要知道,理财更重要的是一种思想,不管是有钱还是没有钱,都可以进行理财。那个卖油翁的妻子,就是一个具有理财思想的人。俗语说:"滴水汇成河,粒米汇成箩"。假设你从20岁的时候开始,每个月能从你微薄的薪水中挤出100元,一年的时间你就可以存1200元,到你30岁的时候你就拥有了一笔12000元的财富。其实远不止这些,还有利息,利滚利。如果你随着薪水的增加,每月的储蓄额也在增加,那数量会更加可观。如果你认为每月的100元微不足道而将其用于消费,10年后你仍是一无所有。

事实上,每个月有能力存100元钱的人并不少,可有人参加工作很多年了,而且薪酬还不错,也没有办过什么大的事情,但是手头仍很拮据。而有的人平时看起来收入并不怎么样,但他在10年内便可以买房子。这就是理财与不理财造成的两种截然不同的结果。

其实,一个人维持生命所必须的物品是很有限的,除了必需品之外的,就都是奢侈品。如果一顿饭两块钱能吃好,花三块钱,那一块钱就是奢侈。好多人之所以难以摆脱贫困,就是对奢侈品的欲望没有节制,收入稍微好一些,就在生活上讲究起来,甚至和别人攀比。而生活的享受是没有穷尽的,来之不易的钱财,如果都用在了生活的改观上,没有一点积蓄,那么一旦出现变故就必须负债,然后是勒紧裤带还债,还完债长出一口气,觉得应该轻松一下了,又开始改善生活,从而陷入了一种恶性循环中,把自己一直锁定在贫困状态。那种挣多少钱花多少钱的人,永远都在为钱而疲于奔命。换句话说,如果你要等有了钱的时候再理财,你就永远不会有有钱的那一天。

也有女孩说,我之所以没钱,主要是挣钱太少。其实这是一种很危险的思想,因为消费是个无底洞,钱再多也会花完,那些一夜暴富的人最后变成穷光蛋的多得是。在我们还不宽裕的时候,更应该做一个详细的开支计划,哪些是必需品,哪些是奢侈品,除了必需品的用度,剩余的都拿去银行存起来,本钱攒下了,还会有利息。少不要紧,积少可以成多。积累的力量是巨大的,等到有一天,你会惊讶地发现,你拥有一笔数目不小的财富。更主要的是,当你看到储蓄卡上的钱数一点点增加时,你追求财富的信心也会增加,心情也会一天比一天灿烂。

我们都知道,储蓄是最简单的理财方法,它让你财富的增长也是有限的。要想变成大富翁,就要去投资,让钱去生钱。当你的零钱积存到一定的时候,你可以购买国库券和房产,虽然回报不是太大,但比储蓄要高多了,而且不用你起早贪黑,东奔西跑。有把握的话,也可以做生意。

要明白,投资并不仅仅是富人的专利,富翁也是从贫穷起家的。有人说,一个鸡蛋就可以使一个人变成富翁,一个鸡蛋可以孵化一只母鸡,一只母鸡可以下更多的蛋孵更多的鸡,就成为一个养鸡专业户,继续扩大就可以办养鸡厂,进而成为一个禽业集团。这虽然只是一个理论,但是却可以实施,并且完全有可能成功。

曾风靡一时的"穷爸爸富爸爸"的故事,其主要理念就是穷人之所以穷,是因为穷人没有投资意识,有了钱就消费,甚至借钱消费,而富人却把钱用于投资。经济学家们认为,决定投资的主要因素是成本、收益和预期。也就是说,在进行投资时,需要考虑的是付出的本钱、投资的回报和对投资的信心,而其中最关键的就是对投资要有信心,要认识到投资是一种具有回报性的活动。那些富翁,就是看到了投资的回报,因而信心十足。至于付出成本的多

少,先不必计较,钱少的时候可以进行小型的投资,力所能及,一点一点把雪球往大滚。在滚雪球的过程中,不仅仅是你的财富在增长,你的人力资本也在增长,你赚钱的能力也会越来越强,你赚钱也就越来越容易。还有更主要的,你的社会地位也越来越高,这是你投资过程中收获的一笔无形的人生财富。

所以,即使我们现在还是豆蔻年华的女孩,未来看上去也无忧,但是切莫寅吃卯粮,一定要及早为未来做打算。

多买需要的，少买想要的

多买需要的，少买想要的。这个道理看似简单，其实不然。生活中有不少人会陷入盲目花钱的误区，对于年轻女孩来说就更是如此。女孩的好奇心和时尚心十分突出，看到什么小东西都觉得很新奇，很可爱，常常买了许多自以为很不错的东西，等真正要到用时，才发现用处不大。

举例来说，有的女孩买东西喜欢赶时髦和潮流，图一时痛快而根本不去考虑所购物品的实用性。就拿衣服来说，她们明明已经有好多衣服，但为了赶时髦、追时尚，一看到流行服饰出现，也不管合不合适，需不需要，先买了再说，结果往往是扔在衣柜里再不问津。再如还有些人一看到街上打折、清仓、甩卖，便跟着抢购便宜货，结果一些买来的物品自己根本不需要。

还有很多女孩喜欢新奇、新鲜的东西，很多厂商也逐渐摸到了消费者的心理特点，给产品增加了很多并不算实用的功能。这些功能本身其实并没有太大的使用价值，顶多是偶尔能起点作用罢了，而且实际成本也不高。但产品一旦加入这些功能后，身价就开始攀升，并且在宣传上也有得讲。一些推销人员向那些不太明白其中道理的用户灌输错误的观念，直到把消费者忽悠晕了为止，乖乖掏钱买"高档货"。

所以说，我们在消费前要先考虑好是否自己真正需要、真正喜欢、真正有用，不要花冤枉钱。比如现在到处流行的幸运抽奖，很多时候只是美丽的谎言而已，以"抽奖"招揽顾客，而所谓丰厚的奖品根本就是镜中月。这个时候，我们一定要保持冷静的头脑，以平常心看待，要考虑的是商品本身，切不要为了奖品而做无谓的消费。

亲爱的女孩，切记，无论商品广告如何吸引人，消费者都应有真知灼见，看穿营销包装的背后，其实是引诱你做一些无谓的消费，有时是"特价再特价"甚至"跳楼大甩卖"，聪明的你可千万别上当，头脑一定要保持清醒，只买需要的东西，而不是迷失在厂商打出的价格战中。购物时，我们应坚持"三不二要"之原则。"三不"就是要做到：不留恋、不摆阔、不寅吃卯粮。所谓不留

第十三章 锻炼自己的理财能力

273

恋,就是在出门购物前需先详列清单,到了购物点就依照清单上的物品直接进行选购,而在选购完毕后就不再逗留,避免无谓的消费。不摆阔就更容易理解了,我们有时的消费是为了满足当"豪门大小姐"的欲望,常经不起店员的吹捧而随意掏钱。还有信用卡的泛滥及不当使用,常会使消费者有种不用付费的错觉,实际上是"现在"享受不花钱,心痛却在下月账单出现时。

我们在购物时需要讲求实用、环保的原则。在这个前提下,我们就不会作出奢侈浪费的消费行为。从生活各层面来说,在饮食上,消费者应以国产的当令蔬果、肉类为主,加工、冷冻食品为辅;尽可能选购有机农产品,以推动有机农业;还要拒绝加入"吃到饱"的行列,以免浪费粮食又折磨自己的肠胃。在穿着上,切忌追求时尚流行,更不因大减价而疯狂添购不必要的衣物。在日常生活品的选购上,消费者可要睁大眼睛看好,自己选购的商品是否具有环保或节能标志;装置省电灯具或节水设备,绝对能让你在水、电账单上,深深体会到"聚沙成塔,集腋成裘"的效果。在交通方面,近程可选择步行或骑自行车,长程则以公共运输工具为主,少开车不但能省下油钱、保养费,更为环境减少污染、为抗暖化多尽一份心力。

无论是能源的短缺还是《京都议定书》中各国全面减少温室气体排放,都显示了这些是国际性的焦点,更是全球性的议题,而身为地球村一分子的我们又岂能置之度外呢?所以,唯有在生活中力行"简朴生活"——少食、少用、少丢;多思考、多分享、多利用,我们才能在节约与环保行动中创造双赢的局面,而在面对庞大的生活消费上,纵使难以"开源",但至少我们还可以携手做个环保达人,努力向"节流"奋斗。

总之要记住女孩不应该盲目追求多功能,多功能意味着多付钱,而且使用效果并不明显。我们在买东西的时候,除了可爱,还有更重要,更现实的东西需要引起注意。那就是不买没有使用价值的物品,这不仅能够给你节约下一笔不小的开支,也将培养你对商品本身的洞察力,对你今后无论是消费还是做生意,都大有好处。

传授省钱秘方，让孩子做购物高手

"金融危机"，一个令不少人谈之色变的话题。由此衍生的就业危机、薪资危机、消费危机、还贷危机，在沸沸扬扬的传言和真真假假的现实中，流传和上演着。越来越多的人开始捂紧钱袋子过起拮据生活，"怎样省钱"成为媒体和众人热衷的新议题。

"省钱"是一种生活态度，也是一门生活学问。许多人也许并不屑于"省钱"，认为这种家长里短、鸡毛蒜皮的小事有失风度，或将"省钱"等同于"抠门"和"一毛不拔"。但学会"省钱"，其实也是学会过日子。在经济并不景气的背景下，学会"省钱"更有其现实意义，或许它就能帮不少人度过"经济寒冬"。

香港拍过一部名为《悭钱家族》的电影，记得里面的几位主角为省钱跑到公厕洗澡，去商场试吃免费食品……在他们略带夸张的表演下，那些悭钱行为看起来很搞笑，同时又觉得很辛酸。好在那只是一场为了赢得电视台大奖的"悭钱"游戏，四天就结束了。

就我们自身而言，那些招数实在不值得借鉴，一是不具备"可持续性"，因为过日子毕竟不同于游戏，天天去公厕洗澡或吃免费食品，实在不可行；二来，如果生活因为省钱而"沦落"到如此地步，实在是不让人向往。

其实，省钱并不是让人变成一个守财奴，锱铢必较，一毛不拔，要知道葛朗台是永远不会快乐的。高明的省钱人，应该是该花的绝不吝啬，该省的绝不浪费，用理性、科学的方法去省钱，比如在网上以极低的价格淘得一套漂亮的床品，走了很多地方竟然都找不到类似的花色，那种暗爽或开怀，就是省钱带来的最大附加值了。

要明白，省钱并不是艰苦年代的事情，就算是生长在经济条件很好的家庭，我们也要懂得一些省钱的方法。

● 凭借网络省钱

"网上团购"是很流行的省钱利器。"想让价格再便宜些，就去网上团购！"如今，很多消费者看上某样东西，并不急着出手，要么在网上到处寻觅

有没有"志同道合"者;要么干脆自己组织一个团,带领一帮人马去杀价。通过网络团购,往往能节省20%甚至更多的费用,最适合大宗商品如房屋、装修材料、汽车家电的采购。

对个性化消费来说,网络也提供了省钱的捷径。如购买服装、化妆品、书籍等,到传统的商场书店去购买,价格往往要贵很多,而且很折腾人。而通过淘宝、当当等网站,往往能以传统商场、书店里售价的一半甚至更便宜的价格买到相同的商品,从而节省不小的开支。

此外,网络还提供了一个省钱的娱乐平台。去电影院看场电影,加上零食和来回车费,两个人的花费动辄超过200元。而在网上看,尽管视觉听觉效果差了点,但可以随心所欲,关键的是几乎可以"零成本"。千好万好,不如省钱好。

● 巧利用省钱

像和田裕纪这样的"省钱大师",现在俨然成了"明星"。这个30几岁的东京主妇,把身体力行的各种省钱绝招贴到了博客上,结果她的博客点击率不断攀升。和田把洗澡水省下来洗衣服擦浴室;仔细记录家里每样电器的耗电量而且每月跟踪,出门时家里多数地方是没电的,除了冰箱等不能关,她会将别的电源通通切断。甚至橘子皮都不直接扔掉,而是擦过皮鞋再扔。

我们还可以在冰箱上贴清单以减少开门次数。为了省电,把冰箱里放的东西列成清单贴在冰箱上,每取出一样就做个记号,比如拿出了白菜,就把白菜划掉。这样不用开冰箱门就知道冰箱里还剩多少食物,这样可以减少开冰箱门的次数。微波炉的作用也很多。结块了的盐和砂糖,倒在纸巾上加热后包起来,用手揉揉就可以恢复原状。萝卜、土豆、南瓜等根茎菜煮起来费时费火,先放在微波炉里转几分钟,可以节约不少煤气。

● 妙招省钱

天天记账,心中有数:"原来不记账,花钱都没个数。现在能清楚地知道钱都花在哪里了。"习惯每天回家记账的陈女士说。现在,记账方式不像传统的只能用笔记本记账,还可以选择一些家庭理财软件以及正在流行的网络记账。这些信息时代的记账方式多有统计分析功能,能够生成各种财务收支图表。

要明白,省钱并不只是大人的事,我们同样要学会精打细算。比如同样是吃肯德基,如果注意从报箱、商店等地方收集优惠券,一个汉堡包加一杯可乐就会省下几元钱。购买文具时可以多看几家商店,谁的便宜买谁的。亲爱的女孩,从现在开始,我们就要学习一些省钱的经验,不要等到我们长大后每个月入不敷出时才心生悔意。

善借外力，才能在巧中取胜

希尔顿从被迫离开家庭到成为身价 5.7 亿美元的富翁只用了 17 年的时间，他发财的秘诀就是借用资源经营。他借到资源后不断地让资源变成了新的资源，最后成了全部资源的主人——一名亿万富翁。

希尔顿年轻的时候特别想发财，可是一直没有机会。一天，他正在街上转悠，突然发现整个繁华的优林斯商业区居然只有一个饭店。他就想：我如果在这里建设一座高档次的旅店，生意准会兴隆。于是，他认真研究了一番，觉得位于达拉斯商业区大街拐角地段的一块土地最适合做旅店用地。他调查清楚了这块土地的所有者是一个叫老德米克的房地产商人之后，就去找他。老德米克给他开了个价，如果想买这块地皮，就要希尔顿掏 30 万美元。

希尔顿不置可否，却请来了建筑设计师和房地产评估师给"他"的旅馆进行测算。其实，这不过是希尔顿假想的一个旅馆，他想知道按他设想的那个旅店需要多少钱，建筑师告诉他起码需要 100 万美元。

希尔顿只有 5000 美元，但是他找到了一个朋友，请他一起出资，两人凑了 10 万美元，开始建设这个旅馆。当然，这点钱还不够购买地皮，离他设想的那个旅馆还相差很远。许多人觉得希尔顿这个想法是痴人说梦。

希尔顿再次找到老德米克，签订了买卖土地的协议，土地出让费为 30 万美元。然而，就在老德米克等着希尔顿如期付款的时候，希尔顿却对土地所有者老德米克说："我想买你的土地，是想建造一座大型旅店，而我的钱只够建造一般的旅馆，所以我现在不想买你的地，只想租借你的地。"

老德米克有点发火，不愿意和希尔顿合作了。希尔顿非常认真地说："如果我可以只租借你的土地的话，我的租期为 100 年，分期付款，每年的租金为 3 万美元，你可以保留土地所有权。如果我不能按期付款，那么就请你收回你的土地和在我这块土地上所建造的饭店。"老德米克一听，转怒为喜，"世界上还有这样的好事，30 万美元的土地出让费没有了，却换来 270 万美元的未来收益和自己土地的所有权,还有可能包括土地上的饭店。"于是,这笔交易就谈成了,希尔顿第一年只需支付给老德米克 3 万美元,而不用一次性支付昂贵的 30 万美元。就是说,希尔顿只用了 3 万美元就拿到了应该用 30 万美元才能拿到的土地使用权。这样,希尔顿省下了 27 万美元,但是这与建造旅店需要的 100 万美元相比,还是有很大的差距。

于是,希尔顿又找到老德米克,"我想以土地作为抵押去贷款,希望你能同意。"老德米克非常生气,可是又没有办法。

就这样,希尔顿拥有了土地使用权,于是从银行顺利地获得了 30 万美元,加上他已经支付给老德米克的 3 万美元后剩下的 7 万美元,他就有了 37 万美元。可是这笔资金离 100 万美元还是相差得很远,于是他又找到一个土地开发商,请求他一起开发这个旅馆。这个开发商给了他 20 万美元,这样他的资金就达到了 57 万美元。

1924 年 5 月,希尔顿旅店在资金缺口已不太大的情况下开工了。但是当旅店建设到了一半的时候,他的 57 万美元已经全部用光了,希尔顿又陷入了困境。这时,他还是来找老德米克,如实介绍了资金上的困难,希望老德米克能出资,把建了一半的建筑物继续完成。他说:"如果旅店一完工,你就可以拥有这个旅店,不过您应该租赁给我经营,我每年付给您的租金最低不少于 10 万美元。"

这个时候,老德米克已经被套牢了,如果他不答应,不但希尔顿的钱收不回来,自己的钱也一分都回不来了,他只好同意。而且最重要的是自己并不吃亏——建希尔顿饭店,不但饭店是自己的,连土地也是自己的,每年还可以拿到 10 万美元的租金收入,于是他同意出资继续完成剩下的工程。

1925 年 8 月 4 日,以希尔顿名字命名的"希尔顿旅店"建成开业,他的人生开始步入辉煌时期。

希尔顿就是用借的办法,用 5000 美元在两年时间内完成了他的宏伟计划,不能不说他是善于利用别人的高手。其实,这样的办法说穿了也十分简单:找一个有实力的利益追求者,想尽一切办法把他与自己的利益捆绑在一起,使之成为一个不可分割的共同体,让他帮助自己实现目标。

有一富翁说得好:"聪明人都是通过别人的力量,去达成自己的目标。"

要真正体会合作精神,不仅要凭借合力,还要会借助外力。个人大部分的成就总是蒙他人之赐,他人常在无形之中把希望、鼓励、辅助,投射到我们的生命中,常使我们的各种能力趋于锐利。亲爱的女孩,在勤奋刻苦的基础上,善借外力吧,这样我们就会取得更大的成功。

科学地管理自己的零花钱

亲爱的女孩，你有零花钱吗？也许你会说，现在的孩子，谁手里没几个零花钱？现在的生活越来越富足，而我们一般都是独生子女，长辈视之如珍宝，对我们有求必应，给我们零用钱也很大方，就算是爸妈不给，爷爷奶奶姥姥姥爷也会给。可是，你有没有想过，家长为什么会给你零花钱呢？也许是家长不希望自己的孩子在同学面前感觉低人一等；也许是因为父母本不想给，担心你养成乱花钱的习惯，但由于工作忙，只好给你一些零花钱用于买早点、零食或以备不时之需……总之，家长给你钱的动机可能分很多种，但是家长并不希望你浪费他们辛苦挣来的钱。如果你能科学地管理自己的零花钱，家长会很欣慰。

一位家长最近为女儿的事很心烦，因为她无意间看到女儿的银行账单，惊讶地发现，女儿上班刚刚半年，就背着她欠了一屁股的债，每个月光利息就得交几千元。

原来，女儿为了赶流行，置买了一整套最新的通讯设备，又买了一辆豪华轿车代步；下了班，又喜欢跟朋友一起吃饭、唱歌、跳舞……这样东扣西扣，一个月下来，拿到手的工资根本不够开销。办了信用卡，刷了又没钱还，只缴最低金额，债就越欠越凶，漏洞也越捅越大。

为了不让债务越滚越大，家长只好忍痛把手上的一笔定期存款解约，帮女儿还了债，就当这些年为女儿攒的钱都送给了银行。以后也不敢指望女儿什么了，剩下的那点积蓄，就留给自己当养老金吧。

类似的事在现代年轻人中屡见不鲜。这些初入社会的人，领到第一份薪水时，就兴奋地以为自己可以做一切事，处处重享受，样样要名牌，就是不知道什么叫"量入为出"，结果有多少花多少，不够就借，最后不仅是"月光族"，还是"负债族"。

因为这些人不能科学地管理自己的钱，从而连累父母跟着一起遭殃。亲爱的女孩，你要知道，这种做法是不可取的。所以说，从小你就要锻炼自己科

第十三章　锻炼自己的理财能力

学管理零花钱的能力。

据上海的一份调查报告称：有 90% 以上的少年儿童存在乱消费、高消费、理财能力差等问题。随着独生子女的增多，一些孩子在消费方面存在很多问题，他们没有正确的金钱观念。由于现在的孩子们每年都会有一笔不少的压岁钱，父母和亲戚平时也会定期地给孩子一些零用钱。他们不是认为"钱是大风刮来的"就是认为"钱是树上长的"。孩子根本不了解赚钱的辛苦，养成大手大脚花钱、不懂节约的坏习惯，更谈不上学会理财了。

亲爱的女孩，将来你总要步入社会，独立地打理自己的生活，所以，对于正在成长中的你来说，学会合理支配自己的零花钱是培养自己财商的开始，这将使你终身受益。

要想科学地管理自己的零用钱，你不能养成攀比的习惯。因为只要有炫耀的情结，就会让你的零用钱入不敷出。

一次，家里发生了意外事件，财产几乎全部损失。就在爸爸和妈妈一筹莫展的时候，女儿却说："爸爸，明天是我们班长的生日，他和我关系特好，你给我 300 块钱吧，我请他到卡拉 OK 包厢过生日。"

女儿的话，使父母惊愕。区区小孩，竟然要拿钱给同学包包厢过生日？女儿的消费观念，令家人担忧。爸爸说："孩子。咱家最近出了意外，你是知道的，爸爸哪有钱给你请同学过生日啊？再说，同学过生日，你为什么非要请他到那种场所消费呢？"女儿不以为然："我知道你最近没钱，可 300 块总拿得出吧。再说，请班长过生日，我是想让别的同学看看，我多酷，多有钱。"

听着女儿理直气壮地回答，爸爸只有哀叹不已。

要明白，对于自己的零花钱，也并不是自己想买什么就买什么，我们要学会分辨哪些东西是必需的，哪些是可有可无的。要懂得节俭是一种美德，这样可使我们把更多的钱用在更有意义的事情上。在琳琅满目的商品陈列架前，我们要学会比较各种货品的质量与价格，学会综合权衡。在购物时，要"讨价还价"，因为商家的出价与物品的实际价值之间是有一定的空间的。

我们可以让父母帮你开设一个银行账户，熟悉金融机构办理手续的一般程序，知道账户里的钱属自己所有；要学会计划开支，比如可以拟一个本周开支的清单计划，为自己的各项开支作一个大致的预算，还要学会记账与核算,用一个小账本记录自己的开支项目,及时总结,以便调整消费计划。

除此之外,我们还可以尝试一下投资。一位富翁曾经说过这样一段耐人寻味的话:"即使一个人手中有一定数额的资金,但他思想上却不愿意把钱用来赚钱,不愿意把钱运转利用,那么对于他未来的事业来说,就像人体有了充分的血液,但心脏已经坏死,不再促进血液循环一样,他的事业也会因静止不动而死亡。"

从这段话中我们可以得到这样的信息:要想捕捉金钱,收获财富,使"钱"生"钱",就要学会让"死钱"变成"活钱",让它不停地滚动起来,在流通中增值增利。

亲爱的女孩,不要错误地认为投资只是成年人的事,相反,它更适合你。

雅妮只有 9 岁,她已经从 500 元的定期存单上挣了 11 元。等存单到期后,就把钱投资购买股票——专门买那些即将分割的股票,这样她就能得到更多的股票了。"雅妮正在走向成功的路上,我真希望自己能像她那样。"她的母亲瑞塔说。

特里克的大儿子瑞安要求在他 12 岁生日时得到一台割草机作为生日礼物,妈妈给他买了一台。到那年夏末,他已靠替人割草赚了 400 美元。瑞安拿这些钱购买耐克公司的股票,并因此对股市产生了兴趣,开始阅读报纸的财经版内容。很幸运,购买耐克股票的时机把握得不错,赚了些钱。当瑞安 9 岁的弟弟看见哥哥在 10 天内赚了 80 美元后,也做起了股票买卖。现在,他俩的投资都已升值到 1800 美元。

从这些成功的经验中,我们可以发现,投资并不只是大人的事情。亲爱的女孩,你也可以学学安全投资,让自己了解只有让钱流动起来才能创造出新的财富,让自己的零用钱也会生钱。总之,你要明白,只有学会科学地管理自己的零用钱,才能更好地支配和创造财富。